冯玉增　任军战　王文星　主编

核桃
病虫草害诊治
生态图谱

Atlas of Diagnosis and Treatment for Disease Pest and Weed
Disease of Walnut

U0199214

中国林业出版社
China Forestry Publishing House

编委会

主　　编：冯玉增　　任军战　　王文星
副 主 编：（以姓氏笔画为序）

王江风　　王铭敏　　李玉萍　　刘　昊　　张自群　　赵　琳　　常牛山
董胜林

图书在版编目（CIP）数据

核桃病虫草害诊治生态图谱 / 冯玉增 , 任军战 , 王文星主编 . -- 北京：中国林业出版社 ,
2019.8

ISBN 978-7-5219-0224-2

Ⅰ . ①核⋯ Ⅱ . ①冯⋯ ②任⋯ ③王⋯ Ⅲ . ①核桃 – 病虫害防治 – 图谱 Ⅳ . ① S436.64-64

中国版本图书馆 CIP 数据核字 (2019) 第 177651 号

策划编辑：何增明
责任编辑：张　华

出版发行	中国林业出版社（100009　北京西城区德内大街刘海胡同 7 号）
	电话：（010）83143566
发　　行	中国林业出版社
印　　刷	固安县京平诚乾印刷有限公司
版　　次	2019 年 9 月第 1 版
印　　次	2019 年 9 月第 1 次印刷
开　　本	880mm × 1230mm　1/32
印　　张	8.75
字　　数	370 千字
定　　价	59.00 元

前 言 Preface

　　核桃在我国种植历史悠久，栽培范围较广，近年发展迅速，面积增大。由于各地自然条件不同、生态环境复杂多样，导致病虫草害种类繁多，危害严重，对核桃生产安全构成了直接威胁。由病虫草害引起的品质下降、产量降低以及市场损失更难以计量。防治失当，不合理的使用农药，还会造成果品农药残留超标与环境污染。随着我国人民生活水平的提高，加之我国农产品市场对国际市场的开放程度越来越广，出口量增加，对果品品质、质量安全要求也越来越高。

　　笔者长期从事果树病虫草害研究与防治技术的推广应用工作，在与果农的长期交往实践中，深知果农到底需要什么，渴望什么。

　　正确认识病虫草害、科学预防、合理用药，降低成本，是广大果农的迫切需求；吃上高品质的放心果品，减少农药残留，是广大消费者的迫切愿望。很多果农对果树病虫草害的诊断与防治技术还较落后，现在很多果树栽培类书，有关病虫草害多局限于文字描述，缺乏详实的生态图谱，即便是从事病虫草害研究和技术推广的专业技术人员，也很难通过阅读文字准确识别，而没有果树病虫草害专业知识的果农，就更不可能通过文字描述正确认识果树的病虫草害，从而进行正确的防治了。

　　为此，笔者早在 20 多年前就自费数千元，购买了当时较先进的数码相机，深入田间、果园拍照，与果农交朋友，收集他们的经验体会。为正确识别病虫草并拍摄生态图片，查阅了大量的果树专业技术文献。也请有关专家进行鉴定或征询同行意见。为了找全找齐各个虫态的生态图，采用沙网袋套袋饲养、夜晚观察、特殊天气条件下观察、昆虫周年生活史观察等方法，争取拍摄出理想的各虫态生态图片。对于昆虫尽量拍摄到各虫态的生态图片，对于病害尽量拍摄到不同发病期、树体不同发病部位的生态图片，对于杂草尽量拍摄到从幼苗到成株的各个生长阶段的生态图片。经过多年辛苦和不懈努力，拍摄积累了我国北方十余种落叶果树、数万张果树病虫草害及天敌生态图片。希望通过自己的努力，编写出版一套图像清晰、色彩真实、病状全面、真正实用的果树病虫草害及无公害防治图谱，同时配以简单而贴切的症状文字描述、发生规律和防治方法，让果农一看就懂、一学就会，用药用工少，防治效益好。

本书编写旨在为果农做点事，为我国北方落叶果树生产做点事，为提高果品产量、改善品质、减少农药残留，为国民果品消费安全，建设生态文明、还绿水青山，尽自己的一份力。

本套丛书包括苹果、梨、石榴、桃、杏、李、柿、枣、核桃、板栗、樱桃、山楂等12个分册。每个树种1个分册，书中绝大部分照片为田间实拍，清晰度高，色彩逼真。同一种病害尽可能表现在植株不同部位、不同时期的典型症状；同一种害虫尽可能表现出不同虫态，同一虫态尽可能表现不同的龄期、不同的表现型以及害虫危害症状；同一种杂草尽可能表现出从幼苗到成熟期不同的生长龄期；同一种天敌，也尽量提供不同虫态的生态照片。在病虫草害防治方面，坚持"预防为主，综合防治"的农业植物保护方针，着重介绍最新研究推广的成功经验、新药剂、新方法。

丛书邀请国内在该领域有丰富实践经验的专家共同编写完成。内容突破了以往农业科普读物中以语言文字介绍为主的局限性，更多的采用生态照片，形象逼真。文字通俗易懂、内容科学简要、技术先进实用，使读者可以简明、快捷、准确地诊断病虫草害，适时、科学、正确、合理地开展防治。

全书的编写，也引用、借鉴了同行的部分内容，由于篇幅所限，不一一列出，在此一并感谢。

由于编著者水平所限，加之内容宽泛，书中难免有疏漏和不当之处，敬请同行专家、广大读者朋友批评指正。

冯玉增

2019 年 3 月

目 录 Contents

第3章 果园主要杂草识别与防治 / 93

第4章　果园害虫主要天敌保护与识别利用 / 117

第5章　果园病虫草无公害综合防治 / 126

参考文献 / 136

生态
图谱

1-1-1	1-1-2
1-2-1	1-2-2
1-2-3	1-2-4

图 1-1-1 核桃仁霉烂病病仁

图 1-1-2 核桃仁霉烂病果表面霉层

图 1-2-1 核桃黑斑病病叶

图 1-2-2 核桃黑斑病病枝

图 1-2-3 核桃黑斑病病果早期症状

图 1-2-4 核桃黑斑病重病果

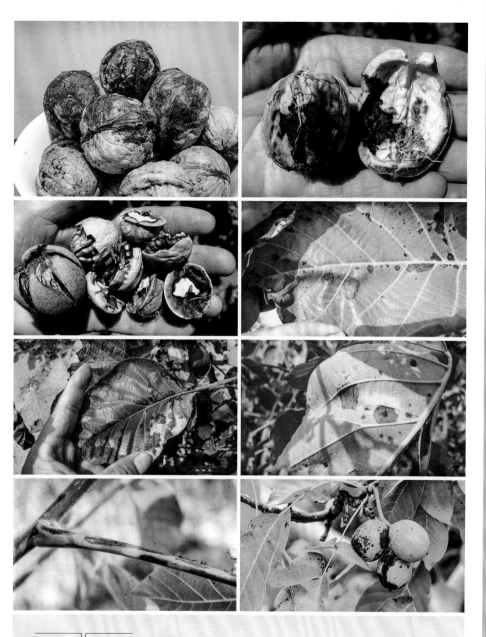

1-3-1	1-3-2
1-3-3	1-3-4
1-3-5	1-3-6
1-3-7	1-3-8

图 1-3-1　核桃炭疽病病果　　　　图 1-3-5　核桃炭疽病病叶后期

图 1-3-2　核桃炭疽病果皮内部　　图 1-3-6　核桃炭疽病病叶背面病斑

图 1-3-3　核桃炭疽病果实症状　　图 1-3-7　核桃炭疽病病叶柄

图 1-3-4　核桃炭疽病病叶前期　　图 1-3-8　核桃炭疽病幼果

图 1-4-1　核桃溃疡病病干轻微症状

图 1-4-2　核桃溃疡病病干重度症状

图 1-4-3　核桃溃疡病病干中度症状

1-5-1	1-5-2
1-5-3	1-5-4
1-5-5	1-5-6

图 1-5-1　核桃褐斑病病叶　　　图 1-5-4　核桃褐斑病病枝叶

图 1-5-2　核桃褐斑病病叶前期　图 1-5-5　核桃褐斑病病果

图 1-5-3　核桃褐斑病病叶后期　图 1-5-6　核桃褐斑病病果

图 1-6-1　核桃圆斑病病叶
图 1-6-2　核桃圆斑病病叶
图 1-7-1　核桃白粉病病叶
图 1-7-2　核桃白粉病干上病状
图 1-8-1　核桃霜点病病叶前期
图 1-8-2　核桃霜点病病叶中期
图 1-8-3　核桃霜点病病叶后期

图 1-9-1　核桃枯梢病初期
图 1-9-2　核桃枯梢病中期
图 1-9-3　核桃枯梢病梢中后期
图 1-9-4　核桃枯梢病后期
图 1-9-5　核桃枯梢病蔓延复叶枯死
图 1-9-6　核桃枯梢病枝枯死

1-9-1	1-9-2
1-9-3	1-9-4
1-9-5	1-9-6

图 1-13-1　核桃腐烂病干初期凹陷变色

图 1-13-2　核桃腐烂病干中期状

图 1-13-3　核桃腐烂病部

图 1-13-4　核桃腐烂病部皮下症状

| 1-13-1 | 1-13-2 |
| 1-13-3 | 1-13-4 |

		图 1-14-1 核桃腐朽病病枝
1-14-1	1-14-2	图 1-14-2 核桃腐朽病病干
	1-14-3	图 1-14-3 核桃腐朽病形成的孔洞
1-15-1	1-15-2	图 1-15-1 核桃根腐病
		图 1-15-2 核桃根腐病部白色菌丝

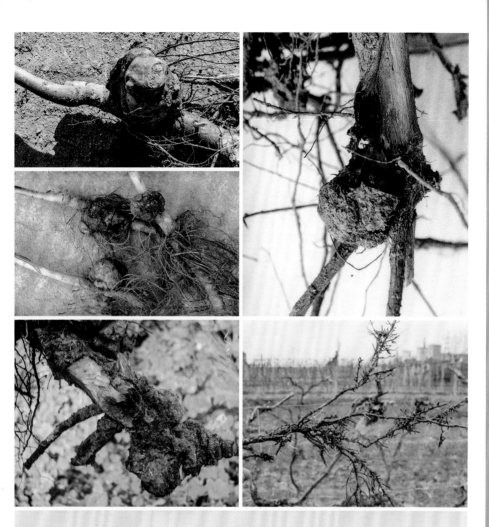

1-20-1	1-20-2
	1-20-3
1-21-1	1-21-2

图 1-20-1　核桃日灼病病果
图 1-20-2　核桃日灼病病果后期
图 1-20-3　核桃日灼病病叶后期
图 1-21-1　核桃缺氮症状
图 1-21-2　核桃缺磷症状

2-1-1	2-1-2
2-1-3	2-2-1

图 2-1-1　核桃举肢蛾成虫
图 2-1-2　核桃举肢蛾幼虫
图 2-1-3　核桃举肢蛾幼虫危害状
图 2-2-1　核桃果象甲成虫

图 2-3-1　桃蛀螟成虫
图 2-3-2　产在石榴萼筒内的桃蛀螟卵
图 2-3-3　桃蛀螟幼虫危害核桃仁
图 2-3-4　桃蛀螟茧
图 2-3-5　桃蛀螟蛹
图 2-3-6　性诱剂诱杀桃蛀螟成虫

2-3-1	2-3-2
2-3-3	2-3-4
2-3-5	2-3-6

图 2-4-1　核桃缀叶螟成虫

图 2-4-2　核桃缀叶螟低龄幼虫集中危害状

图 2-4-3　核桃缀叶螟成龄幼虫

图 2-4-4　核桃缀叶螟危害状

| 2-4-1 | 2-4-3 |
| 2-4-2 | 2-4-4 |

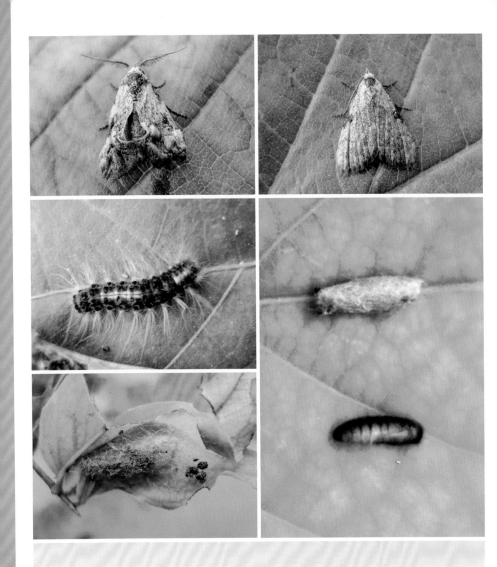

图 2-5-1　核桃瘤蛾雄成虫

图 2-5-2　核桃瘤蛾雌成虫

图 2-5-3　核桃瘤蛾幼虫

图 2-5-4　核桃瘤蛾茧

图 2-5-5　核桃瘤蛾茧和蛹

| 2-6-1 | 2-7-1 |
| 2-7-2 | 2-7-3 |

图 2-6-1　核桃鞍象成虫

图 2-7-1　核桃潜叶蛾幼虫危害状

图 2-7-2　核桃潜叶蛾危害核桃叶

图 2-7-3　核桃潜叶蛾危害致叶枯

2-10-1	2-10-3
	2-10-4
2-10-2	2-10-5

图 2-10-1　核桃古毒蛾雄成虫
图 2-10-2　核桃古毒蛾雌成虫
图 2-10-3　核桃古毒蛾雌成虫及卵
图 2-10-4　核桃古毒蛾幼虫
图 2-10-5　核桃古毒蛾蛹

2-11-1	2-11-2
2-11-3	2-11-4

图 2-11-1　核桃叶甲雄成虫

图 2-11-2　核桃叶甲雌成虫

图 2-11-3　核桃叶甲低龄幼虫群集危害状

图 2-11-4　核桃叶甲大龄幼虫

2-15-1	2-16-1
2-15-2	2-16-2
2-15-3	
	2-16-3
	2-16-4

图 2-15-1　桑褶翅尺蠖成虫

图 2-15-2　桑褶翅尺蠖幼虫危害状

图 2-15-3　桑褶翅尺蠖幼虫

图 2-16-1　春尺蠖雄成虫

图 2-16-2　春尺蠖幼虫

图 2-16-3　春尺蠖雌成虫（左）雄成虫（右）

图 2-16-4　黏虫带阻春尺蠖上树

2-17-1	2-17-2
2-17-3	2-17-4
2-17-5	2-17-6

图 2-17-1　绿尾大蚕蛾雌成虫
图 2-17-2　绿尾大蚕蛾雄成虫
图 2-17-3　绿尾大蚕蛾成虫交尾
图 2-17-4　绿尾大蚕蛾卵
图 2-17-5　绿尾大蚕蛾卵及初孵幼虫
图 2-17-6　绿尾大蚕蛾 3 龄前幼虫

2-17-7	2-17-8
2-17-9	2-17-10
2-17-11	2-17-12

图 2-17-7　绿尾大蚕蛾 4 龄幼
图 2-17-8　绿尾大蚕蛾成龄幼虫
图 2-17-9　绿尾大蚕蛾夏茧
图 2-17-10　绿尾大蚕蛾越冬茧
图 2-17-11　绿尾大蚕蛾蛹
图 2-17-12　绿尾大蚕蛾幼虫危害核桃叶状

图 2-18-1　核桃楸天蚕蛾成虫
图 2-18-2　核桃楸天蚕蛾卵
图 2-18-3　核桃楸天蚕蛾幼龄幼虫
图 2-18-4　核桃楸天蚕蛾低龄幼虫
图 2-18-5　核桃楸天蚕蛾成龄幼虫
图 2-18-6　核桃楸天蚕蛾幼虫害叶
图 2-18-7　核桃楸天蚕蛾茧

2-18-1	2-18-2	2-18-3
2-18-4	2-18-5
2-18-6	2-18-7

图 2-20-7　黄刺蛾成龄幼虫

图 2-20-8　黄刺蛾老龄幼虫

图 2-20-9　黄刺蛾越冬茧

图 2-20-10　黄刺蛾蛹

图 2-20-11　黄刺蛾羽化茧蛹壳外露

图 2-20-12　黄刺蛾茧被寄生

2-20-7	2-20-8
2-20-9	2-20-10
2-20-11	2-20-12

图 2-21-1　白眉刺蛾成虫

图 2-21-2　白眉刺蛾低龄幼虫

图 2-21-3　白眉刺蛾中龄幼虫

图 2-21-4　白眉刺蛾成龄幼虫

图 2-21-5　白眉刺蛾夏茧

图 2-21-6　白眉刺蛾冬茧

2-21-1	2-21-2
2-21-3	2-21-4
2-21-5	2-21-6

2-22-1	2-22-2	2-22-3
2-22-4	2-22-5	2-22-6
2-22-7	2-22-8	2-22-9

图 2-22-1　丽绿刺蛾成虫

图 2-22-2　丽绿刺蛾成虫交尾

图 2-22-3　丽绿刺蛾幼龄幼虫群害状

图 2-22-4　丽绿刺蛾低龄幼虫群害状

图 2-22-5　丽绿刺蛾幼虫

图 2-22-6　丽绿刺蛾茧

图 2-22-7　丽绿刺蛾蛹

图 2-22-8　丽绿刺蛾越冬茧

图 2-22-9　丽绿刺蛾茧成虫羽
　　　　　化蛹壳外露

图 2-23-1　青刺蛾成虫

图 2-23-2　青刺蛾幼龄幼虫

图 2-23-3　青刺蛾中龄幼虫

图 2-23-4　青刺蛾成龄幼虫

图 2-23-5　青刺蛾茧及茧上成虫羽化孔

图 2-23-6　青刺蛾越冬茧

2-23-1	2-23-2
2-23-3	2-23-4
2-23-5	2-23-6

2-24-1	2-24-2
2-24-3	2-24-4

图 2-24-1　枣刺蛾成虫

图 2-24-2　枣刺蛾低龄幼虫

图 2-24-3　枣刺蛾成龄幼虫

图 2-24-4　枣刺蛾茧及茧上羽化孔

2-25-1	2-25-2
2-25-3	2-25-4
2-25-5	
2-25-6	

图 2-25-1　樗蚕蛾成虫
图 2-25-2　樗蚕蛾低龄幼虫群害
图 2-25-3　樗蚕蛾成龄幼虫
图 2-25-4　樗蚕蛾幼虫危害状
图 2-25-5　樗蚕蛾茧
图 2-25-6　樗蚕蛾蛹

2-26-1

2-26-2

图 2-26-1　茶长卷叶蛾成虫（下）
　　　　　蛹壳（上）
图 2-26-2　茶长卷叶蛾幼虫

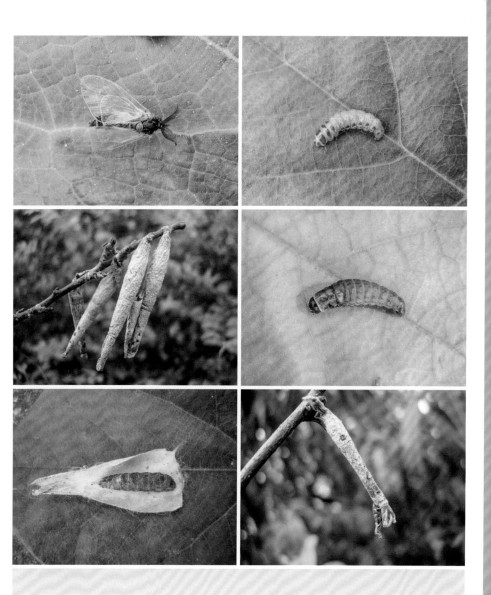

图 2-27-1　白囊蓑蛾雄成虫
图 2-27-2　白囊蓑蛾雌成虫
图 2-27-3　白囊蓑蛾囊
图 2-27-4　白囊蓑蛾幼虫
图 2-27-5　白囊蓑蛾蛹
图 2-27-6　白囊蓑蛾雄蛾羽化蛹壳外露

2-27-1	2-27-2
2-27-3	2-27-4
2-27-5	2-27-6

2-28-1	2-28-2
2-28-3	2-28-4
2-28-5	2-28-6

图 2-28-1　栗黄枯叶蛾成虫背面观
图 2-28-2　栗黄枯叶蛾成虫侧面观
图 2-28-3　栗黄枯叶蛾卵粒上附着雌蛾的尾毛
图 2-28-4　栗黄枯叶蛾幼虫
图 2-28-5　栗黄枯叶蛾幼虫腹面观
图 2-28-6　栗黄枯叶蛾茧

2-29-1	2-29-2
2-29-3	

图 2-29-1　大蓑蛾蓑囊
图 2-29-2　大蓑蛾幼虫
图 2-29-3　大蓑蛾雄成虫羽化蛹壳外露

图 2-30-1 山楂叶螨
图 2-30-2 山楂叶螨危害核桃网丝
图 2-30-3 山楂叶螨危害核桃叶背面早期
图 2-30-4 山楂叶螨危害核桃叶背面后期
图 2-30-5 山楂叶螨危害核桃叶正面早期
图 2-30-6 山楂叶螨危害核桃叶正面后期

2-30-1	2-30-2
2-30-3	2-30-4
2-30-5	2-30-6

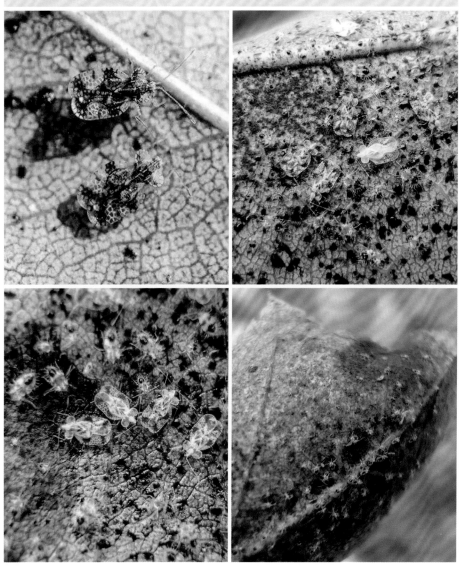

2-32-1	2-32-2
2-32-3	2-32-4
2-32-5	

图 2-32-1　大青叶蝉成虫
图 2-32-2　大青叶蝉成虫产卵
图 2-32-3　大青叶蝉卵
图 2-32-4　大青叶蝉若虫
图 2-32-5　大青叶蝉若虫蜕皮

2-33-1

2-33-2

图 2-33-1　蜗牛
图 2-33-2　蜗牛食害核桃叶

图 2-34-1　舟形毛虫成虫

图 2-34-2　舟形毛虫卵

图 2-34-3　舟形毛虫幼龄幼虫群集危害

图 2-34-4　舟形毛虫低龄幼虫群集危害

图 2-34-5　舟形毛虫中龄幼虫群集危害

图 2-34-6　舟形毛虫幼虫

图 2-34-7　舟形毛虫蛹

图 2-35-1　杨枯夜蛾成虫
图 2-35-2　杨枯叶蛾卵
图 2-35-3　杨枯叶蛾幼虫
图 2-35-4　杨枯叶蛾蛹（上）
　　　　　　及成虫侧面（下）

| 2-35-1 | 2-35-2 |
| 2-35-3 | 2-35-4 |

图 2-36-1　李枯叶蛾成虫
图 2-36-2　李枯叶蛾卵
图 2-36-3　李枯叶蛾幼虫背面观
图 2-36-4　李枯叶蛾幼虫侧面观
图 2-36-5　李枯叶蛾茧
图 2-36-6　李枯叶蛾蛹

2-36-1	2-36-2
2-36-3	2-36-4
2-36-5	2-36-6

2-39-1	2-39-2
2-39-3	
2-39-4	

图 2-39-1　舞毒蛾雄成虫

图 2-39-2　舞毒蛾雌成虫及卵块

图 2-39-3　舞毒蛾卵块

图 2-39-4　舞毒蛾幼虫

2-41-1	2-41-2
2-41-3	2-41-4

图 2-41-1 苹毛丽金龟成虫
图 2-41-2 苹毛丽金龟幼虫（蛴螬）
图 2-41-3 苹毛丽金龟成虫食害核桃叶
图 2-41-4 苹毛丽金龟成虫危害核桃叶状

2-42-1	2-43-1
	2-43-2
2-42-2	2-43-3
2-42-3	2-43-4

图 2-42-1　云斑腮金龟成虫　　　　图 2-43-1　康氏粉蚧雌成虫

图 2-42-2　云斑腮金龟腹面观　　　图 2-43-2　康氏粉蚧若虫

图 2-42-3　云斑腮金龟幼虫（蛴螬）　图 2-43-3　康氏粉蚧卵

图 2-43-4　康氏粉蚧危害树干

图 2-44-1　草履蚧雄成虫

图 2-44-2　草履蚧雌成虫

图 2-44-3　草履蚧雌成虫腹面观

图 2-44-4　草履蚧成虫交尾

图 2-44-5　草履蚧成虫下树产卵越夏

图 2-44-6　草履蚧若虫脱皮

图 2-44-7　草履蚧初羽化雌成虫

图 2-44-8　草履蚧危害树干状

图 2-44-9　草履蚧危害小枝状

图 2-44-10　黄色黏虫纸缠树干阻草履蚧雌虫上树

图 2-45-1　桑白蚧雄蚧

图 2-45-2　桑白蚧雌蚧

图 2-45-3　桑白蚧卵

图 2-45-4　桑白蚧初孵化若虫

图 2-45-5　桑白蚧雄虫及天敌红点唇瓢虫幼虫（中）

图 2-45-6　桑白蚧危害干状

2-45-1	2-45-2
2-45-3	2-45-4
2-45-5	2-45-6

2-46-1	2-46-2
2-46-3	2-46-4
2-46-5	2-46-6

图 2-46-1　斑衣蜡蝉成虫群害
图 2-46-2　斑衣蜡蝉初羽成虫
图 2-46-3　斑衣蜡蝉成虫正产卵
图 2-46-4　斑衣蜡蝉卵
图 2-46-5　斑衣蜡蝉产絮于卵上
图 2-46-6　斑衣蜡蝉越冬卵块

2-46-7	2-46-8
2-46-9	
2-46-10	2-46-11

图 2-46-7　斑衣蜡蝉孵化

图 2-46-8　斑衣蜡蝉初孵若虫

图 2-46-9　斑衣蜡蝉 3 龄前若虫

图 2-46-10　斑衣蜡蝉 3 龄若虫蜕皮

图 2-46-11　斑衣蜡蝉 4 龄若虫

2-47-1	2-47-2
2-47-3	2-47-4
2-48-1	
2-48-2	

图 2-47-1　八点广翅蜡蝉成虫危害状
图 2-47-2　八点广翅蝉卵
图 2-47-3　八点蜡蝉危害枝
图 2-47-4　八点广翅蜡蝉若虫
图 2-48-1　柳蝙蛾成虫
图 2-48-2　柳蝙蛾幼虫

| 2-51-1 | 2-51-2 |
| 2-51-3 | 2-51-4 |

图 2-51-1　核桃天牛成虫

图 2-51-2　核桃天牛成虫交尾

图 2-51-3　核桃天牛卵

图 2-51-4　核桃天牛成虫羽化后从羽化孔钻出

2-51-5	
	2-51-6
2-51-7	
2-51-8	2-51-9

图 2-51-5　核桃天牛幼虫

图 2-51-6　核桃天牛危害核桃枝

图 2-51-7　核桃天牛在核桃枝上产卵痕

图 2-51-8　核桃天牛危害状

图 2-51-9　毒签防核桃天牛

2-52-1	2-52-2
2-53-1	2-53-2	2-53-3
2-53-4	2-53-5
2-53-6

图 2-52-1　四点象天牛成虫

图 2-52-2　四点象天牛成虫交尾状

图 2-53-1　粒肩天牛成虫

图 2-53-2　粒肩天牛幼虫

图 2-53-3　粒肩天牛蛹

图 2-53-4　粒肩天牛产卵刻槽

图 2-53-5　粒肩天牛正蛀害

图 2-53-6　粒肩天牛危害状

2-54-1	2-54-2
2-54-3	2-54-4

图 2-54-1　豹纹木蠹蛾成虫
图 2-54-2　豹纹木蠹蛾卵
图 2-54-3　豹纹木蠹蛾幼虫
图 2-54-4　豹纹木蠹蛾蛀害孔

2-55-1	2-55-2
2-55-3	
2-55-4	2-55-5

图 2-55-1　咖啡木蠹蛾幼虫

图 2-55-2　咖啡木蠹蛾蛹

图 2-55-3　咖啡木蠹蛾蛀害孔

图 2-55-4　咖啡木蠹蛾蛀道

图 2-55-5　咖啡木蠹蛾危害枝折断

図 2-56-1　六棘材小蠹成虫
图 2-56-2　六棘材小蠹成虫危害状
图 2-56-3　六棘材小蠹蛀害孔
图 2-57-1　削尾材小蠹成虫
图 2-57-2　削尾材小蠹成虫危害状
图 2-57-3　削尾材小蠹危害状

2-56-1	2-56-2
2-56-3	2-57-1
2-57-2	2-57-3

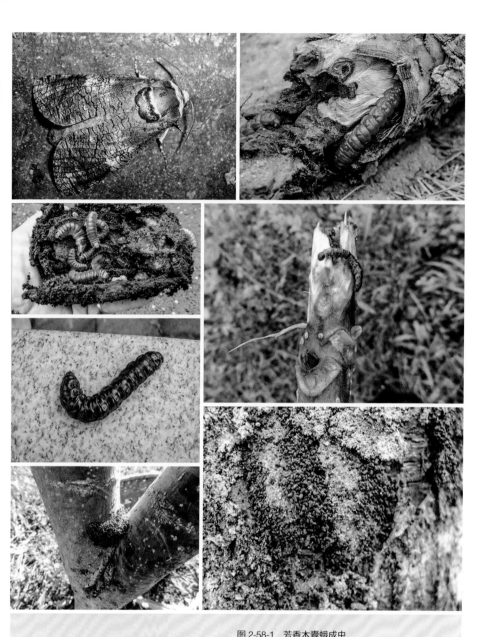

图 2-59-1　柳干木蠹蛾成虫背面观
图 2-59-2　柳干木蠹蛾成虫侧面观
图 2-59-3　柳干木蠹蛾幼虫
图 2-60-1　日本木蠹蛾幼虫
图 2-60-2　日本木蠹蛾幼虫危害状

2-59-1		
---	2-59-2	
2-59-3		
2-60-1	2-60-2	

图 2-63-1　薄翅锯天牛成虫

图 2-63-2　薄翅锯天牛危害核桃状

图 2-63-3　蛀孔抹药泥毒杀天牛

图 2-64-1　黄须球小蠹成虫

图 2-64-2　黄须球小蠹成虫危害状

2-65-1	2-65-2
2-65-3	2-65-4

图 2-65-1　星天牛成虫
图 2-65-2　星天牛卵
图 2-65-3　星天牛幼虫
图 2-65-4　星天牛危害状

图 2-67-1　白星花金龟成虫
图 2-67-2　白星花金龟成虫交尾
图 2-67-3　白星花金龟幼虫（蛴螬）
图 2-67-4　白星花金龟蛹

	2-68-1	
2-68-2		2-68-3

图 2-68-1　斑须蝽成虫

图 2-68-2　斑须蝽卵及初孵若虫

图 2-68-3　斑须蝽大龄若虫

图 2-69-1　黑绒金龟成虫
图 2-69-2　黑绒金龟成虫交尾
图 2-69-3　黑绒金龟危害核桃嫩芽
图 2-69-4　黑绒金龟幼虫（蛴螬）

2-69-1	2-69-2
2-69-3	2-69-4

2-70-1 | 2-70-2
2-71-1 | 2-72-1
2-72-2 | 2-72-3
2-72-4

图 2-70-1　梨刺蛾成虫
图 2-70-2　梨刺蛾幼虫
图 2-71-1　栗六点天蛾成虫
图 2-72-1　绿盲蝽成虫
图 2-72-2　绿盲蝽若虫
图 2-72-3　绿盲蝽危害核桃叶
图 2-72-4　绿盲蝽危害核桃嫩芽

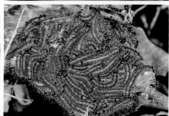

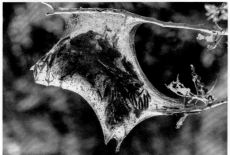

2-73-1	2-73-2
	2-73-3
2-73-4	2-73-5
	2-73-6
	2-73-7

图 2-73-1　天幕毛虫成虫
图 2-73-2　天幕毛虫卵
图 2-73-3　黄褐天幕毛虫幼虫群害
图 2-73-4　天幕毛虫幼虫在网幕内
图 2-73-5　天幕毛虫幼虫
图 2-73-6　天幕毛虫茧
图 2-73-7　天幕毛虫蛹

2-74-1

2-74-2

图 2-74-1 枣飞象成虫
图 2-74-2 枣飞象成虫食叶

2-75-1	
	2-75-3
2-75-2	
	2-75-4
	2-75-5

图 2-75-1　樟蚕成虫

图 2-75-2　樟蚕卵

图 2-75-3　樟蚕低龄幼虫

图 2-75-4　樟蚕幼虫

图 2-75-5　樟蚕幼虫及茧

图 2-76-1　扁刺蛾成虫

图 2-76-2　扁刺蛾卵

图 2-76-3　扁刺蛾幼龄幼虫

图 2-76-4　扁刺蛾中龄幼虫

图 2-76-5　扁刺蛾成龄幼虫

图 2-76-6　扁刺蛾茧

图 2-76-7　扁刺蛾羽化茧

2-76-1		
2-76-2	2-76-3	2-76-4
2-76-5	2-76-6	2-76-7

图 2-77-1　褐刺蛾成虫

图 2-77-2　褐刺蛾低龄幼虫

图 2-77-3　褐刺蛾红色型成龄幼虫

图 2-77-4　褐刺蛾黄色型成龄幼虫

图 2-77-5　褐刺蛾夏茧

图 2-77-6　褐刺蛾越冬茧

图 2-77-7　褐刺蛾羽化茧

2-77-1	2-77-2
	2-77-3
2-77-4	2-77-5
2-77-6	2-77-7

2-78-1	2-78-2
2-78-3	2-78-4
2-78-5	
2-78-6	

图 2-78-1　麻皮蝽成虫
图 2-78-2　麻皮蝽成虫交尾
图 2-78-3　麻皮蝽卵及初孵若虫
图 2-78-4　麻皮蝽低龄若虫
图 2-78-5　麻皮蝽大龄若虫
图 2-78-6　麻皮蝽若虫群害

2-79-1

2-79-2

图 2-79-1　小绿叶蝉成虫
图 2-79-2　小绿叶蝉若虫

图 2-80-7　黑翅土白蚁危害状（树干上泥套）

图 2-80-8　黑翅土白蚁危害树干状

图 2-80-9　黑翅土白蚁土中的蚁巢

图 2-81-1 美国白蛾成虫正在产卵

图 2-81-2 美国白蛾卵

图 2-81-3 美国白蛾低幼群害叶

图 2-81-4 美国白蛾幼虫

图 2-81-5 美国白蛾危害形成的网幕

图 2-81-6 美国白蛾蛹

2-81-1	2-81-2
2-81-3	2-81-4
2-81-5	2-81-6

| 3-3-1 | 3-3-2 |
| 3-3-3 | 3-3-4 |

图 3-3-1　马齿苋幼株
图 3-3-2　马齿苋茎秆
图 3-3-3　马齿苋根
图 3-3-4　马齿苋花

| 3-4-1 | 3-4-2 |
| 3-4-3 | 3-4-4 |

图 3-4-1　稗草幼株
图 3-4-2　稗草植株
图 3-4-3　稗草花序
图 3-4-4　稗草茎秆

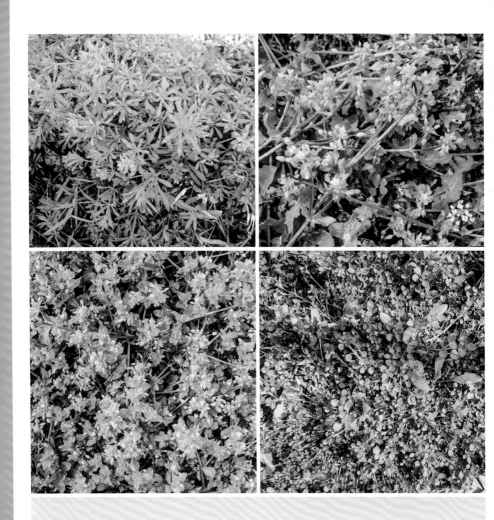

| 3-6-1 | 3-6-3 |
| 3-6-2 | 3-6-4 |

图 3-6-1　酸模幼株
图 3-6-2　酸模叶
图 3-6-3　酸模植株
图 3-6-4　酸模果

图 3-7-1 三叶鬼针草幼株
图 3-7-2 三叶鬼针草植株
图 3-7-3 三叶鬼针草花
图 3-7-4 三叶鬼针草芒刺

| 3-7-1 | 3-7-2 |
| 3-7-3 | 3-7-4 |

图 3-8-1　萎蒿植株

图 3-8-2　萎蒿茎秆

图 3-8-3　萎蒿花

图 3-9-1　醴肠幼株
图 3-9-2　醴肠植株
图 3-9-3　醴肠花
图 3-9-4　醴肠

3-10-1	
3-10-2	3-10-3

图 3-10-1 芦苇植株
图 3-10-2 芦苇茎秆
图 3-10-3 芦苇

3-11-1	
3-11-2	3-11-3
3-11-4	

图 3-11-1　蒺藜幼株

图 3-11-2　蒺藜

图 3-11-3　蒺藜花

图 3-11-4　蒺藜果

3-12-1	3-12-2
3-12-3	

图 3-12-1　夏至草 1
图 3-12-2　夏至草 2
图 3-12-3　夏至草 3

<table>
<tr><td>3-13-1</td><td>3-13-2</td></tr>
</table>

3-13-3

3-13-4

图 3-13-1　车前草 1
图 3-13-2　车前草 2
图 3-13-3　车前草 3
图 3-13-4　车前草 4

图 3-14-1　猫眼草 1
图 3-14-2　猫眼草 2
图 3-14-3　猫眼草 3
图 3-14-4　猫眼草 4

3-15-1	3-15-2
3-15-3	
3-15-4	

图 3-15-1　铁苋 1
图 3-15-2　铁苋 2
图 3-15-3　铁苋 3
图 3-15-4　铁苋 4

	3-17-1	3-17-2	图 3-17-1　早熟禾幼苗
	3-17-3		图 3-17-2　早熟禾成株
			图 3-17-3　早熟禾

3-18-1	3-18-2
3-18-3	3-18-4

图 3-18-1　狼尾草幼苗
图 3-18-2　狼尾草成株
图 3-18-3　狼尾草叶
图 3-18-4　狼尾草穗

3-19-1	3-19-2
3-19-3	3-19-4
3-20-1	3-20-2
3-20-3	

图 3-19-1　荠菜幼苗

图 3-19-2　荠菜成株

图 3-19-3　荠菜茎秆

图 3-19-4　荠菜花序

图 3-20-1　苦荬菜幼苗

图 3-20-2　苦荬菜成株

图 3-20-3　苦荬菜花

3-22-1	3-22-2
3-22-3	
3-22-4	
3-22-5	

图 3-22-1　豚草幼株
图 3-22-2　豚草叶
图 3-22-3　豚草花序
图 3-22-4　豚草茎秆
图 3-22-5　豚草成株

3-23-1	3-23-2
3-23-3	3-23-4
	3-23-5

图 3-23-1　鼠鞠草
图 3-23-2　鼠鞠草茎
图 3-23-3　鼠鞠草叶背面
图 3-23-4　鼠鞠草叶正面
图 3-23-5　鼠鞠草花

图 3-24-1　地梢瓜幼株

图 3-24-2　地梢瓜成株

图 3-24-3　地梢瓜果

图 3-24-4　地梢瓜种子

图 3-25-1　紫茎泽兰植株
图 3-25-2　紫茎泽兰叶
图 3-25-3　紫茎泽兰茎秆
图 3-25-4　紫茎泽兰成株
图 3-25-5　紫茎泽兰花

3-26-1	3-26-2
3-26-3	3-26-4
3-26-5	3-26-6

```
┌──────────────────────────┐
│          3-27-1          │
├─────────────┬────────────┤
│   3-27-2    │   3-27-3   │
├─────────────┼────────────┤
│             │   3-27-4   │
└─────────────┴────────────┘
```

图 3-27-1   牛繁缕 1
图 3-27-2   牛繁缕 2
图 3-27-3   牛繁缕 3
图 3-27-4   牛繁缕 4

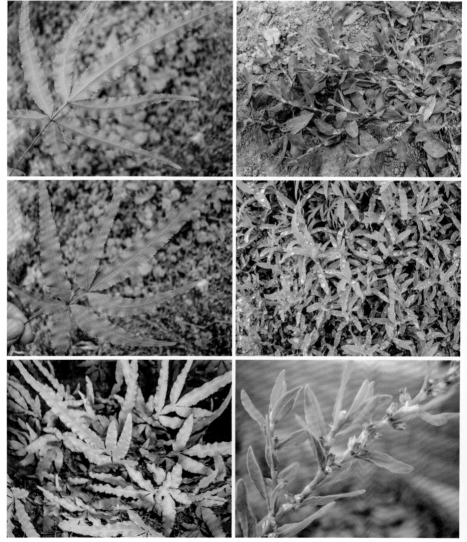

3-28-1	3-29-1
3-28-2	3-29-2
3-28-3	3-29-3

图 3-28-1　阴石蕨叶背面　　图 3-29-1　萹蓄 1
图 3-28-2　阴石蕨叶正面　　图 3-29-2　萹蓄 2
图 3-28-3　阴石蕨　　　　　图 3-29-3　萹蓄 3

3-30-1	3-30-2
	3-30-4
3-30-3	3-30-5

图 3-30-1　毒麦 1
图 3-30-2　毒麦 2
图 3-30-3　毒麦 3
图 3-30-4　毒麦 4
图 3-30-5　毒麦 5

3-31-1	3-31-2
3-31-3	

图 3-31-1　辣蓼草
图 3-31-2　辣蓼草茎
图 3-31-3　辣蓼草花

	3-32-2	图 3-32-1 野苜蓿幼株
3-32-1	3-32-3	图 3-32-2 野苜蓿叶
		图 3-32-3 野苜蓿植株
	3-32-4	图 3-32-4 野苜蓿花

图 3-33-1　益母草幼苗
图 3-33-2　益母草植株
图 3-33-3　益母草花

3-33-1		
	3-33-3	
3-33-2		

3-34-1	3-34-2
3-34-3	3-34-4

图 3-34-1　牛膝菊植株
图 3-34-2　牛膝菊叶
图 3-34-3　牛膝菊叶背面
图 3-34-4　牛膝菊花

图 3-35-1　山藿香幼株
图 3-35-2　山藿香成株
图 3-35-3　山藿香花

3-37-1	3-37-2
3-37-3	
3-37-4	
3-37-5	

图 3-37-1　通泉草
图 3-37-2　通泉草叶
图 3-37-3　通泉草茎
图 3-37-4　通泉草花
图 3-37-5　通泉草

3-38-1	3-38-2
3-38-3	

图 3-38-1　大蓟
图 3-38-2　大蓟茎
图 3-38-3　大蓟花

3-39-1	3-39-2
3-39-3	3-40-1
3-40-2	3-40-3

图 3-39-1　野芹菜叶　　图 3-40-1　薄荷 1
图 3-39-2　野芹菜茎　　图 3-40-2　薄荷 2
图 3-39-3　野芹菜花　　图 3-40-3　薄荷 3

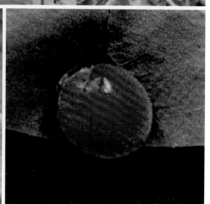

4-1-1	4-1-2
	4-1-3
4-1-4	4-1-5

图 4-1-1　七星瓢虫成虫

图 4-1-2　七星瓢虫幼虫

图 4-1-3　七星瓢虫食蚜

图 4-1-4　七星瓢虫成虫

图 4-1-5　大红瓢虫

4-1-6	4-1-7
4-1-8	

图 4-1-6　二星瓢虫

图 4-1-7　四星瓢虫成虫

图 4-1-8　四星瓢虫成虫捕食蚜虫

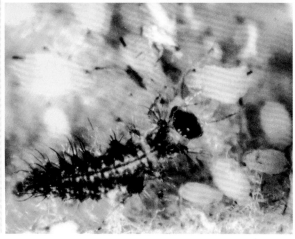

4-2-1	4-2-2
	4-2-3
	4-2-4

图 4-2-1　草青蛉成虫
图 4-2-2　草青蛉幼虫
图 4-2-3　草青蛉卵
图 4-2-4　草蛉幼虫捕食蚜虫

图 4-3-1 桃粉蚜被蚜茧蜂寄生变黑
图 4-3-2 茧蜂寄生栗六点天蛾幼虫
图 4-3-3 茧蜂寄生绿尾大蚕蛾幼虫
图 4-3-4 黄刺蛾茧被茧蜂寄生

4-3-5	4-3-6
4-3-7	
	4-3-8

图 4-3-5　小茧蜂幼虫寄生鳞翅目幼虫

图 4-3-6　上海青蜂成虫交尾状

图 4-3-7　天敌姬蜂成虫

图 4-3-8　金小蜂寄生柑橘凤蝶蛹羽化孔

图 4-5-5　蜘蛛成蛛

图 4-5-6　蜘蛛猎杀食蚜蝇

图 4-5-7　绿蜘蛛捕食斑柿斑叶蝉成虫

图 4-5-8　蜘蛛

4-6-1

4-6-2

4-6-3

4-6-4

图 4-6-1　黑带食蚜蝇
图 4-6-2　羽芒宽盾食蚜蝇
图 4-6-3　食蚜蝇幼虫
图 4-6-4　黑带食蚜蝇幼虫捕食蚜虫

4-7-1

4-7-2

4-7-3

图 4-7-1　光肩猎蝽成虫
图 4-7-2　光肩猎蝽若虫
图 4-7-3　小花蝽若虫
　　　　　捕食红蜘蛛

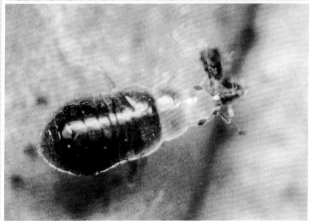

4-8-1

4-8-2

4-8-3

图 4-8-1　螳螂成虫
图 4-8-2　螳螂茧
图 4-8-3　螳螂捕食黑蝉

4-9-1	
4-9-2	
4-12-1	4-12-2

图 4-9-1　白僵菌致鳞翅目幼虫死亡状

图 4-9-2　寄生蝇寄生石榴茎窗蛾蛹

图 4-12-1　戴胜

图 4-12-2　喜鹊巢

		图 4-12-3　大山雀
4-12-3	4-12-4	图 4-12-4　啄木鸟
4-12-5		图 4-12-5　灰喜鹊
4-13-1	4-13-2	图 4-13-1　青蛙
		图 4-13-2　蟾蜍

5-1-1	5-1-2
5-2-1	

图 5-1-1　太阳能能源频振式杀虫灯
图 5-1-2　交流电源频振式杀虫灯
图 5-2-1　大棚内黄色黏虫板

5-3-1	5-3-2
5-3-3	

图 5-3-1　黏虫带阻尺蠖上树
图 5-3-2　树干上黏虫带
图 5-3-3　树干上缠普通塑料薄膜阻虫

	5-5-1
5-4-1	5-6-1
5-6-2	

图 5-4-1　涂捕虫圈

图 5-5-1　防虫网

图 5-6-1　盲蝽诱捕器

图 5-6-2　诱捕器

	5-7-1
	5-7-2
5-8-1	5-7-3

图 5-7-1　白色木浆纸袋
图 5-7-2　白色无纺布袋
图 5-7-3　双层纸袋
图 5-8-1　释放天敌寄生蜂

第1章

核桃病害诊断与防治

01 核桃仁霉烂病（图1-1-1，图1-1-2）

症状诊断 核桃仁染病后，核桃壳的外表症状并不明显，但重量减轻。劈开核桃壳后，往往可见核桃仁干瘪或变黑色，其表面生长一层青绿色或粉红色甚至黑色的霉层，并具有苦味和霉酸味，无法食用。

病原 引起核桃仁霉烂病的病原有多种，除细菌性黑斑病病原黄单孢杆菌细菌、炭疽病病原围小丛壳菌真菌外，还有半知菌类的镰刀菌、粉红单端孢菌、青霉菌、链格孢菌、黑曲霉菌。主要危害果仁。

发病规律 是核桃贮存期主要病害，也有的是在生长期发病后带入贮藏室内的。各种病原菌的孢子广泛存在于空气中、土壤里及病果果面，当果实有破伤、虫蛀等伤口时，病菌从伤口侵入导致发病。在贮藏期内果实含水量高、堆积受潮、通气不良、湿度过高，均易引起核桃仁霉烂。

防治方法

科学采收和存放 采收时防止损伤，贮藏前剔除虫蛀果，并彻底晾干燥后贮藏；贮藏期保持贮藏场所低温和通风良好，防止堆积受潮。

生长期病害防治 生长期注意病虫害综合防治，提高果实的抗病性。

贮藏场所消毒 贮前贮藏场所和贮藏工具，如编织袋、麻袋等用甲醛或硫黄密封熏蒸消毒，特别是重复利用的仓库，一定要注意贮前消毒。

02 核桃黑斑病（图1-2-1至图1-2-4）

症状诊断 幼果染病，果面生褐色小斑点，边缘不明显，后成片变黑深达果肉，致整个核桃及核仁全部变黑或腐烂脱落；近成熟果实染病后，先局限在外果皮，后波及中果皮，致果皮腐部脱落，内果皮外露，核仁完好。叶片染病，先在叶脉上现近圆形或多角形小褐斑，扩展后相互愈合，病斑外围生水渍状晕圈，后期少数穿孔，病叶皱缩畸形，严重时，整叶变黑发脆、脱落。

病原 为甘蓝黑腐黄单胞菌核桃黑斑致病型细菌，又名黑腐病。主要危害幼果、叶片，也可危害嫩枝。

发病规律 病原细菌在枝梢或芽内越冬。翌春分泌出细菌液借风雨传播，从寄主气孔、皮孔、蜜腺及伤口侵入，引起叶、果或嫩枝染病。在4～30℃条件下，寄主表皮湿润，病菌能侵入叶片或果实。田间潜育期10～15天。核桃花期及展叶期易染病，夏季多雨发病重。核桃举肢蛾危害造成的伤口易遭该菌侵染。

防治方法

农业防治 增施有机肥、合理灌排水，培育壮树，提高树体抗病能力；夏季注意果园排水、清洁果园，保持果园通风透光良好。

化学防治　核桃展叶期及落花后适时喷洒1：0.5~1：200倍式波尔多液或72%农用链霉素可溶性粉剂3000倍液、40万单位青霉素钾盐对水稀释成3000倍液、50%福美双可湿性粉剂800倍液、75%百菌清可湿性粉剂600倍液、62.25%腈菌唑·代森锰锌可湿性粉剂700倍液等。另外，应及时防治核桃举肢蛾等害虫，减少伤口。

03 核桃炭疽病（图1-3-1至图1-3-8）

症状诊断　果实染病，先在绿色的外果皮上产生圆形至近圆形黑褐色病斑，后扩展并深入果皮，中央凹陷，内生许多黑色小点，散生或排列成轮纹状，雨后或湿度大时，黑点上溢出粉红色黏稠状物，即病菌分生孢子盘和分生孢子。叶片染病，产生黄褐色近圆形病斑，上生小黑粒。

病原　有性态为子囊菌门围小丛壳菌。无性态为半知菌类胶孢炭疽菌。主要危害果实，有时也危害叶片、芽及嫩梢。

发病规律　病菌以菌丝、分生孢子在病果、病叶或芽鳞中越冬，翌年产生分生孢子借风雨或昆虫传播，从伤口、皮孔、气孔等处侵入，可进行多次再侵染。一般雨日多、湿度大、通风透光不良易发病。品种间抗病性不同：新疆的阿克苏、库车丰产薄壳类型易染病，晚熟种发病轻。一般病果率20%~40%，严重时高达90%。

防治方法

农业防治　①加强果园管理，增施磷、钾肥，提高核桃树的抗病力；冬春季结合修剪彻底清除树上的枯枝、僵果和地面落果，集中烧毁或深埋，以消灭越冬病菌，减少侵染来源；在核桃芽萌动至开花前后要反复剪除陆续出现的病枯枝，并及时剪除以后出现的卷叶病梢及病果，集中烧毁，防止病部产生孢子再次侵染。②选用丰产抗病品种。种植新疆核桃时，株行距要适当，防止果园郁闭；生长季节注意及时排水、清洁果园，保持通风透光良好。

化学防治　芽萌动期全树均匀喷布1：1：100波尔多液或3~5波美度石硫合剂；发病重的核桃园于开花后发病前开始喷洒25%溴菌清可湿性粉剂500倍液或80%炭疽福美可湿性粉剂600倍液、70%甲基硫菌灵可湿性粉剂700倍液、50%多菌灵可湿性粉剂600倍液、25%三唑酮可湿性粉剂1000~1500倍液、75%百菌清可湿性粉剂500倍液等。隔10~15天1次，连续防治2~3次。6~7月发现病果要及时摘除。

04 核桃溃疡病（图1-4-1至图1-4-3）

症状诊断　该病多发生在树干和主侧枝基部。幼嫩及光滑的树皮感病，病斑初期呈水渍状或明显的水泡状，破裂后流出褐色黏液，形成黑褐色近圆形病斑；后期病斑干缩下陷，中央开裂，散生众多小黑点，而在病皮上则分布有许多较大呈线状排列的黑色小点，即病菌分生孢子器；病害严重时，病斑迅速扩展或多个相连，形成大小不等的梭形或长条形病斑；当病斑扩大绕枝干一周时，导致枝梢干枯或全株死亡。在老树皮上，病斑呈水渍状，中心黑褐色，四周浅褐色，无明显边缘，病皮下的韧皮部与内皮层腐烂，呈褐色或黑褐色，有时深达木质部；严重病株，圆形病斑联合，导致树势衰弱甚至全株枯死。果实感病，病斑初期近圆形，褐色至暗褐色，大小不等，病斑处产生许多褐色至黑色粒状物，即病菌子实体；病情重时病斑联合常导致果实早落、干缩或变黑腐烂。

病原　无性态为半知菌类聚生小穴壳菌，有性态为子囊菌门茶藨子葡萄座腔菌。主要危害主干、嫩枝和果实。

发病规律　以菌丝在患病组织内越冬。翌年春气温回升，雨量适中，形成分生孢子，借风雨传播，于枝干皮孔或受伤衰弱组织侵入，形成新的溃疡病斑。春季当气温达10~15℃时，病害逐渐发生；5~6月气温17~25℃时，为发病高峰期；7~8月气温达30℃以上时，病害基本停止蔓延，入秋后又略有发展。早春低温、干旱、大风，有利于发病；虫害重、栽培管理水平不高、树势衰弱或土壤干旱、土质差、植株遭受冻害及伤口多的核桃树易感病；不同品种感病程度不同；一般树干或干基向阳面发病多。

防治方法

农业防治　①选用抗病品种，加强栽培管理。保持健壮树势，增强抗病能力。②树干涂白，防止冻害与日灼。于上大冻前树干涂白，涂白剂配料为：生石灰5千克、食盐2千克、油0.1千克、豆面0.1千克、水20千克，干及主侧枝尽量全涂。③冬春刮治病斑。于落叶后的11~12月上旬或翌年春开冻后树液流动前，彻底刮除病斑，以刮至木质部为度，刮后涂抹3波美度石硫合剂或1%硫酸铜液、1∶1∶100倍波尔多液等。

化学防治　于发病期每隔10~14天干枝上喷一次50%异菌脲可湿性粉剂1500倍液或50%腐霉利可湿性粉剂1500倍液、75%百菌清可湿性粉剂600倍液等，喷药量以枝干淋水为度。

⑤　**核桃褐斑病**（图1-5-1至图1-5-6）

症状诊断　叶片染病，叶面现灰褐色圆形至不规则形病斑，后期病部生出黑色小点，即病菌分生孢子盘和分生孢子。发病重的叶片枯焦，提早落叶。嫩梢染病，病斑黑褐色，长椭圆形略凹陷。苗木染病常形成枯梢。

病原　无性态为半知菌类胡桃盘二孢菌；有性态为子囊菌门核桃日规壳菌。主要危害叶片和嫩梢。

发病规律 病菌以菌丝、分生孢子在病叶或病梢上越冬，翌年6月，分生孢子借风雨传播，从叶片侵入，发病后病部又形成分生孢子进行多次再侵染，7~9月进入发病盛期，雨水多、高温、高湿的气候有利于该病的流行。

防治方法

农业防治 冬秋季彻底清除园内病叶枯梢，集中烧毁，减少越冬菌源。

化学防治 开花前后各喷一次1：2：200倍式波尔多液或50%甲基硫菌灵·硫黄悬浮剂800倍液或70%代森锰锌可湿性粉剂500倍液、75%百菌清可湿性粉剂700~800倍液、70%甲基硫菌灵可湿性粉剂1000倍液等。

06 核桃圆斑病（图1-6-1，图1-6-2）

症状诊断 叶片上生圆形病斑，大小3~8毫米，初浅绿色，后变成褐色，最后变为灰白色，后期病斑上生出黑色小粒点，即病原菌分生孢子器。严重时，造成早期落叶。

病原 为半知菌类胡桃叶点霉菌，又名核桃灰斑病。主要危害叶片。河北、陕西及周边产区有发生。

发病规律 病菌以菌丝和分生孢子器在枝梢上越冬。翌年5~6月产生分生孢子，借风雨传播，从气孔侵入引起发病，雨季进入发病盛期。降雨多且早的年份发病重；管理粗放、枝叶过密、树势衰弱易发病。

防治方法

农业防治 加强果园综合管理，增施有机肥，合理灌排水，增强树势，提高抗病能力。保持合理的栽植密度，防止枝叶过密；雨后注意排水，以降低核桃园湿度，减少发病机会。

化学防治 秋季落叶后，树体喷洒3~5波美度石硫合剂或1：1：200倍波尔多液，消灭越冬病菌。发病初期喷洒65%代森锌可湿性粉剂800倍液或50%甲基硫菌灵·硫黄悬浮剂900倍液、42%噻菌灵悬浮剂500倍液、50%异菌脲可湿性粉剂1000~1500倍液、24%唑菌腈悬浮剂1000倍液、10%咪鲜胺水分散颗粒剂2000~2500倍液、50%百菌清可湿性粉剂500倍液等。

07 核桃白粉病（图1-7-1，图1-7-2）

症状诊断 叶片表面产生白色菌丝层，幼叶染病，叶面不平；病情重时菌丝覆满整个叶片。易引起叶片提早脱落。秋末菌丛中出现黑色小粒点，即病菌闭囊壳。

病原 有两种，分别为子囊菌门的木通叉丝壳菌和胡桃球针壳菌。危害叶片、新梢和幼芽。

发病规律 两种白粉病菌均以闭囊壳在病落叶上或病梢等病部越冬。翌年春遇雨放射出子囊孢子，侵染发病后病斑产生大量分生孢子，借气流传播，进行多次再侵染，5~6月进入发病盛期，7月以后该病逐渐停止蔓延。春旱年份或管理不善、树势衰弱发病重。

防治方法

农业防治 ①结合冬季修剪，剔除病枝、病芽；早春及时摘除病芽、病梢，减少菌源。②加强管理，施足底肥，控施氮肥，增施磷、钾肥，增强树势，提高树体抗病能力。

化学防治 ①春季开花前嫩芽刚破绽时，喷布1波美度石硫合剂或1：0.5：200倍式波尔多液，消灭菌源。②发病初期喷洒20%三唑酮乳油1000倍液或25%三唑酮可湿性粉剂2000倍液、45%噻菌灵悬浮剂400倍液、6%氯苯嘧啶醇可湿性粉剂8000倍液、25%嘧菌酯悬浮剂1000~1500倍液等，10天后再喷1次。

08 核桃霜点病 （图1-8-1至图1-8-3）

症状诊断 病叶正面出现不规则形褪绿黄斑，叶背面密生灰白色粉状物，即病原菌的分生孢子梗和分生孢子。发病初期病叶边缘枯焦，随病情发展，逐渐蔓延全叶，重者致叶脱落。叶脱落后再生出新叶，但叶形较小，同时易产生丛枝现象。

病原 为半知菌类的核桃微座孢菌。又名粉霉病。主要危害叶片。

发病规律 病原菌在病残落叶上越冬，翌年6~7月条件适宜时发病。详细的发病规律目前尚不清楚。

防治方法

农业防治 及时清除病残落叶烧毁或深埋；发病初期及时将病叶枝剪除，可控制病害发展。

化学防治 发病初期及时喷洒61.4%氢氧化铜悬浮剂500~600倍液或65%代森锌可湿性粉剂400~500倍液、40%三乙膦酸铝可湿性粉剂300~400倍液、50%甲基硫菌灵可湿性粉剂1000~1500倍液、25%甲霜灵可湿性粉剂600~700倍液等。

09 核桃枯梢病 （图1-9-1至图1-9-6）

症状诊断 枝条受害后，病斑呈红褐色至深褐色，梭形或长条形，后期失水凹陷，其上密生红褐色至暗色小点，即病原菌的分生孢子器，多导致枝梢枯死。果实染病，外果皮上初生红褐色斑点，病斑逐渐连成片，常导致果实腐烂。叶片染病，重者多造成落叶。

病原　为半知菌类的核桃拟茎点菌。主要危害枝梢，也危害果实和叶片。

发病规律　病菌以分生孢子在病组织内越冬。翌年春季气温回升、雨量适宜，孢子借雨水传播，从枝梢和果实、叶片的皮孔或伤口侵入。在生长季节可进行多次再侵染。并有潜伏侵染特性，即核桃枝干在当年正常生长期内，病菌已侵入体内，但无症状表现，而当植株遇到不良环境条件，生理失调时，才表现出明显的症状。一般早春低温、干旱、风大、枝条失水较多、植株生长衰弱或园地土质差、枝梢伤口多等情况容易感病。

防治方法

农业防治　生长季节发现病枯枝及时清除，集中烧毁，可减少病源；加强果园综合管理，增施有机肥，适时灌水，雨季及时排水，防止田间渍害，增强树势，提高抗病力。

化学防治　①冬前喷药或树干涂白。落叶后喷施65%代森锌可湿性粉剂600倍液或40%多菌灵胶悬剂500倍液。树干涂白，涂白剂配比为：生石灰5千克、食盐2千克、食用油0.1千克、豆面0.1千克、水20升，搅拌均匀涂树干既防病又防冻。②生长季节的4~5月及8月份多喷洒50%甲基硫菌灵可湿性粉剂1000倍液或80%抗菌素"402"乳油200倍液、25%溴菌清可湿性粉剂800倍液、1：1：200的波尔多液等，都有较好的防治效果。

⑩ 核桃枝枯病（图1-10-1至图1-10-3）

症状诊断　主要是1~2年生枝条易受害，枝条先自顶梢嫩枝染病，后向下蔓延至枝条和主干。枝条皮层初呈暗灰褐色，后变成浅红褐色或深灰色，并在病部形成很多黑色小粒点，即病原菌分生孢子盘，湿度大时，从分生孢子盘中涌出大量黑色短柱状分生孢子。染病枝条上的叶片逐渐变黄后脱落。

病原　无性态为半知菌类矩黑盘孢菌，有性态为子囊菌门胡桃黑盘壳菌。危害枝、干。

发病规律　病原菌主要以分生孢子盘或菌丝体在枝条、树干病部越冬，翌年条件适宜时，产生的分生孢子借风雨或昆虫传播蔓延，从伤口侵入。生长衰弱的核桃树或枝条易染病，春旱或遭冻害年份发病重。

防治方法

农业防治　加强核桃园综合管理，及时剪除病枝，深埋或烧毁，以减少菌源。增施有机肥，增强树势，提高抗病能力。北方冬季注意防寒，预防树体受冻，春季注意防霜冻。

防虫治病　及时防治其他病害虫，避免造成虫伤或其他机械伤。

化学防治　①主干发病，将病部刮除干净，并用1%硫酸铜液或50%福美双

100倍液消毒再涂抹煤焦油保护，刮掉的病斑携出园外烧毁。②落叶后或早春喷施65%代森锌可湿性粉剂600倍液或40%多菌灵胶悬剂500倍液或冬季刮树皮石灰水涂干。③生长季节喷施50%退菌特800倍液或1：1：200的波尔多液或50%甲基硫菌灵可湿性粉剂800倍液等。

11 核桃可可球色二孢枝枯病（图1-11-1，图1-11-2）

症状诊断 染病枝条初期病部皮层变褐并稍凹陷，继而枯死，在死枝上生有黑色点状突起，即病原菌的子座。

病原 为半知菌类可可球色二孢菌。危害枝条。

发病规律 病原菌以分生孢子器、分生孢子或菌丝在病组织中越冬，翌年病菌孢子借雨水飞散传播蔓延。栽培管理不善、肥水不足、树势衰弱发病重；密植核桃园中下部枝条因光照不足易染病。

防治方法

农业防治 加强栽培管理，增施有机肥，及时灌排水，增强树势，提高树体抗病能力；冬季修剪及生长季节要注意及时剪除病虫枝，集中深埋或烧毁；密植果园要通过修剪解决下部枝叶的光照问题，保持果园通风透光良好。

化学防治 生长季节发病初期喷洒1：2：200倍式波尔多液或45%晶体石硫合剂300倍液、5%菌毒清水剂100倍液、75%百菌清可湿性粉剂700倍液、36%甲基硫菌灵悬浮剂600倍液、10%银果乳油600～1000倍液等。

12 核桃膏药病（图1-12-1，图1-12-2）

症状诊断 在干、枝上或枝杈处产生一团平贴的圆形或椭圆形厚膜状菌体，紫褐色、边缘白色，后变鼠灰色，似膏药状，即病原菌的担子果。

病原 为担子菌门的茂物隔担耳菌。主要危害枝干。

发病规律 以菌膜在树干上越冬。病原菌常与介壳虫共生，菌体以介壳虫的分泌物为养料，介壳虫则借菌膜覆盖得到保护。病原菌的菌丝体在枝干的表面生长发育，逐渐扩大形成膏药状薄膜。菌丝也能侵入寄主皮层吸收营养。担孢子通过介壳虫的爬行进行传播蔓延。土壤黏重、排水不良或林内阴湿、通风透光不良等都易发病。

防治方法

农业防治 选择砂壤土地建园，合理密植，加强果园综合管理，增施有机肥，培养壮树，雨后及时排水，保持果园通风透光良好；发现病枝及时剪除。

防虫治病 及时防治介壳虫等害虫。

化学防治 发现病菌的子实体和菌膜及时刮除干净。刮后在病患处涂抹

1：1：100倍式波尔多液或20%石灰乳、1%硫酸铜液、2%"401抗菌剂"20～30倍液、45%噻菌灵悬浮剂100倍液等杀菌消毒。刮掉的病菌子实体携出园外集中销毁。

13 核桃腐烂病（图1-13-1至图1-13-4）

症状诊断 幼树主干或侧枝染病，病斑初近梭形，暗灰色水渍状稍肿起，用手按压流有泡沫状液体，病皮变褐有酒糟味，后病皮失水下凹，病斑上散生许多小黑点即病菌分生孢子器。湿度大时从小黑点上涌出橘红色胶质物，即病菌孢子角。病斑扩展致皮层纵裂流出黑水。大树主干染病初期，症状隐蔽在韧皮部，外表不易看出，当看出症状时皮下病部已扩展20～30厘米以上，流有黏稠状黑水，常糊在树干上。枝条染病，一种是失绿，皮层充水与木质部分离，致枝条干枯，其上产生黑色小点；另一种从剪锯口处生明显病斑，沿梢部向下或向另一分枝蔓延，环绕一周后形成枯梢。

病原 为半知菌类胡桃壳囊孢菌。主要危害枝、干。

发病规律 病菌以菌丝体或子座及分生孢子器在病部越冬。翌春核桃树液流动后，遇有适宜发病条件，生出分生孢子，通过风雨或昆虫传播，从嫁接口、剪锯口、伤口等处侵入，生长期内可进行多次侵染。生长期内病害持续扩展，直到越冬前才停止。4～5月是发病盛期。核桃园管理粗放、受冻害、盐碱害等发病重。

防治方法

农业防治 改良土壤，加强栽培管理，增施有机肥，合理修剪、增强树势，提高树体抗病能力；寒冷地区注意越冬防寒害，早春注意防霜冻。

刮治病斑 早春及生长期及时刮病斑治病，刮后用50%甲基硫菌灵可湿性粉剂50倍液或45%晶体石硫合剂20～30倍液、50%腐霉利可湿性粉剂1000倍液、50%农利灵可湿性粉剂500倍液等消毒。

树干涂白防冻 落叶后上大冻前先刮净病斑，然后用涂白剂或2～3波美度石硫合剂涂树干防止树干受冻，预防该病发生和蔓延。

化学防治 在病重区于4月发病前树体喷洒40%百菌清悬浮剂500倍液或70%甲基硫菌灵可湿性粉剂1000倍液、50%腐霉利可湿性粉剂1000～1500倍液、47%春雷霉素·王铜可湿性粉剂600倍液等，喷药至树体流药液为度。

14 核桃腐朽病（图1-14-1至图1-14-3）

症状诊断 病害症状分两种类型：一是危害树皮和边材的腐朽类型，初期树皮变色，叶色变黄，甚至大枝或全株枯死；二是危害心材的腐朽类型，初期树皮外表无明显症状，到后期木质部呈白色或褐色腐朽状。无论哪种类型的腐朽病到后期树干或大枝上，多产生不同形状、不同颜色的真菌子实体。

病原　有两种：一种为担子菌类的普通裂褶菌。另一种为担子菌类的多毛栓孔菌。主要危害衰老树的木质部。

发病规律　病原菌多从伤口侵入。子实体春夏高温多雨季节、旬均气温25～32℃时发生重，8月上旬停止增大。老龄、树势衰弱、主枝折断、皮部伤口多、管理粗放、病虫害发生严重的核桃园发病重。林间湿度大有利于子实体的产生和孢子的传播。

防治方法

农业防治　加强管理，增强树势，提高树体抗病能力。

化学防治　发现木腐病子实体彻底清除，并刮干净感病的木质部，伤口用25%多菌灵可湿性粉剂500倍液、50%甲基硫菌灵可湿性粉剂400倍液、80%代森锌可湿性粉剂600倍液、30%王铜悬浮剂300倍液等常用杀菌剂涂抹杀菌。

合理修剪　更新主枝或树冠更新时，伤口削平后，用上述杀菌剂涂之杀菌，并涂白漆以防雨水自伤口入侵并带进病菌。

防虫治病　积极防治其他病虫害，减少伤口，阻止病菌的侵染。

⑮ 核桃根腐病（图1-15-1，图1-15-2）

症状诊断　主根和侧根的皮层腐烂。在高温高湿条件下，苗木根颈基部和周围土壤表面先出现白色绢丝状菌丝体，随后在菌丝体上产生白色或褐色油菜籽状的粒状物，即病原菌的小菌核。植株上部逐渐衰弱死亡。

病原　为半知菌类罗尔夫小菌核菌，又名白绢病。主要危害苗木的根部。

发病规律　病菌以菌丝体在病树根颈部，或以菌核在土壤中越冬。翌年春夏环境条件适宜时，菌丝体或菌核上长出新的营养菌丝，从苗木根颈处的伤口或嫁接伤口侵入，引起根颈部的皮层及木质部腐烂。病菌通过农事操作，苗木移栽及灌溉水等媒介传播。一般土壤潮湿或排水不良的苗圃发病较重。

防治方法

农业防治　避免重茬育苗，不在黏重土壤上育苗；加强苗圃地管理，雨后及时排水，防止苗圃地渍害；苗木出圃时，严格检查，发现病苗即予淘汰；栽植时避免过深，接口要露出地面，以防病菌从接口处侵入，并充分灌水，以缩短缓苗时间。

化学防治　植株生长衰弱时，应扒开根部周围的土壤检查根部，如发现菌丝和小菌核，先将根颈部的病斑用利刀刮除，然后用15%抗菌素"401"50倍液或1%硫酸铜液、50%腐霉利可湿性粉剂600～800倍液、78%代森锰锌·波尔多液可湿性粉剂500倍液、25%多菌灵可湿性粉剂300~400倍液等涂抹伤口消毒，再于根部土壤浇洒药液。刮下的病组织及从根周围扒出的病土要拿出园外，再换新土覆盖根部。

16 核桃根癌病（图1-16-1，图1-16-2）

症状诊断　主要发生在苗木根颈部，侧根和支根也有发生。发病部位开始产生乳白色或略带红色的小瘤，质地柔软，表面光滑。后逐渐增大成深褐色的球形或扁球形癌瘤，木质化而坚硬，表面粗糙或凹凸不平。地上部生长缓慢，植株矮小，严重时叶片发黄早落。

病原　为野杆菌属根癌菌细菌，又名根头癌肿病。主要危害苗木根颈部。

发病规律　病菌在癌瘤组织的皮层内越冬，或病癌破裂脱皮时进入土中越冬。主要由雨水和灌溉水传播，蛴螬、蝼蛄、线虫等地下害虫活动也可传播；而带病苗木是远距离传播的重要途径。病菌从伤口侵入寄主后，刺激周围细胞迅速分裂，产生大量分生组织，形成癌肿症状。土壤潮湿排水不良、碱性土壤、黏重土壤等，都有利于病害发生。地下害虫危害重，伤口多，增加病菌侵入机会，发病也重。

防治方法

农业防治　选择砂质土壤作苗圃地，增施有机肥，改良土壤；彻底淘汰患病苗木，不栽带病苗。

栽前苗木处理　栽植前将苗木用1%硫酸铜液浸根5分钟，再放入2%石灰水中浸1分钟杀菌，然后用清水冲洗干净。

化学防治　加强定植低龄幼树的管理，如发现生长不良的幼树，要挖根检查，如染病先彻底刮除病瘤，并在伤口处涂2~3波美度石硫合剂或1：1：100倍波尔多液、"401"杀菌剂50倍液、"402"杀菌剂100倍液等或用土壤杆菌 K84灌根消毒。连续防治可以使病害得到控制。刮下的病瘤及病部周围土壤带出园外集中处理。

17 核桃根朽病（图1-17-1，图1-17-2）

症状诊断　受害树木的根颈及根部皮层腐烂，木质部呈白色海绵状腐朽，并发出蘑菇香味。夏秋季节，在腐朽根上及其附近地面上，生长出成丛的蜜黄色小蘑菇子实体。轻者导致地上部叶片发黄，生长衰弱，重者导致地上部枯萎死亡。

病原　为担子菌门蜜环菌。主要危害根部和根颈部。

发病规律　病原菌以菌索在林地土壤中或树桩上越冬。条件适宜时形成子实体，产生大量担孢子，借气流传播，从伤口侵入。在根皮内外形成黑色菌索，并扩展延伸到邻近树根上危害。一般园内积水，树势衰弱，有利于蜜环菌的发生。

防治方法

农业防治　加强果园管理，增施有机肥料，雨后及时排水，提高树体抗病能力。及时采集病菌子实体（蘑菇），既可食用，又可减少菌源。

化学防治　挖沟隔离病株，防止向周围健树蔓延。对病树病根要及时切除并烧毁，切除后伤口涂波尔多液、代森锰锌、百菌清、王铜、菌毒清、腐霉利等杀菌剂杀菌保护。病株周围的土壤用二硫化碳浇灌处理，既对土壤进行消毒，又促进土壤中绿色木霉菌的大量繁殖，病菌被木霉菌侵染而弱化，从而起到抑制其滋生的作用。

⑱ 核桃根结线虫病（图1-18-1）

症状诊断　苗木根部被线虫侵染后，先在须根及根尖处产生小米粒大小或绿豆粒大小的瘤状物。随后侧根上也出现大小不等的近圆形根结状物，褐色至深褐色，表面粗糙，内部有白色颗粒状粒一至数粒，即为病原线虫的雌虫。严重发生时根部腐烂，根系减少，地上部生长矮小直至黄萎枯死。

病原　为根结线虫属的花生根结线虫。主要危害苗木根部幼嫩组织。

发病规律　以雌虫、幼虫和卵在根结内或遗落在土壤中越冬。随苗木、土壤、粪肥和灌溉水传播。幼虫侵染后，在根皮和中柱之间危害，并刺激根细胞组织过度增长形成根结。一个生长季节可进行多次侵染。发病越重，根结越多，对树体生长影响越大。

防治方法

农业防治　对外来苗木严格检疫，不栽带病苗。严格苗圃地检疫，发现病苗彻底拔除烧毁。培肥果园地力，增施有机肥，合理整形修剪，培育壮树，提高树体忍耐线虫危害的能力。冬前落叶后或早春2月，挖除病株树冠下土壤表层的病根和须根团，保留水平根及较粗大的根，然后每株均匀施生石灰1.5～2.5千克，并增施有机肥料，可促使树体复壮。

化学防治　①用50%辛硫磷乳油800倍液或1.8%阿维菌素乳油2000～3000倍液等喷洒土壤。②用50%辛硫磷乳油每亩1～1.5千克拌入有机肥，施入土中或制成毒土撒施后，翻入深3～5厘米土壤中。③用80%棉隆可湿性粉剂每亩1千克，加水150升，在核桃树根系60厘米以外的地方挖沟，将药液施沟内然后填土踏实。

⑲ 桑寄生（图1-19-1至图1-19-4）

症状诊断　在核桃树被寄生的枝条或主干上，丛生桑寄生植株的枝叶，非常明显。寄生处的枝条稍肿大或产生瘤状物，遇风易从此处折断。由于核桃枝条的一部分养料和水分被桑寄生吸收，且桑寄生又分泌有毒物质，造成核桃树生长不良，迟发芽，开花少，易落果，早落叶，重者全枝或全株枯死。

病原 为桑寄科植物桑寄生，是一种多年生常绿小灌。

发病规律 在我国南方核桃产区发生较多。桑寄生植株在核桃枝干上越冬。秋季产生大量浆果，飞鸟喜食，在鸟粪中的种子或鸟吐出的种子都能黏附在核桃树的枝条上。种子吸水萌发后，其胚根先端产生吸盘从伤口、芽部、嫩枝树皮等处侵入，并伸出初生吸根，分泌消解酶钻入寄主皮层及木质部，再产生许多次生吸根以吸收寄主体内的养分。在吸根上部的胚叶，发展成茎叶，含有叶绿素，能营光合作用。有时在寄生枝条的表面长出许多根出条，在根出条上又可形成新的丛枝。

防治方法

农业防治 冬春季深翻园地，将桑寄生种子深埋于地下，阻止其萌发；发现桑寄生及早彻底清除；连年在桑寄生的果实成熟前彻底砍除病枝条，并除尽根出条和组织内部吸根延伸的部分。

化学防治 采用80%碱式硫酸铜可湿性粉剂600～800倍液或27.12%、30%、35%碱式硫酸铜悬浮剂300～500倍液等有一定效果。

⑳ 核桃日灼病（图1-20-1至图1-20-3）

症状诊断 轻度日灼病果，果皮上出现黄褐色、圆形或梭形的大斑块；严重日灼病果，病斑可扩展至果面的一半以上，并凹陷，果肉干枯粘在核壳上，引起果实早期脱落。受日灼的枝条半边干枯或全枝枯死。

病原 为高温烈日暴晒引起的生理害。危害幼果和嫩枝。

发病规律 夏季连日晴天、温度高、天气干旱、土壤缺水，果面受强烈日光照射，致使果皮的温度升高，蒸发消耗的水分过多，果皮细胞遭受高温而灼伤，故幼果和嫩枝易发生日灼病，特别在果实膨大期，向阳面日灼发生较多较重。受日灼的果实和枝条，容易诱发细菌性黑斑病、炭疽病、溃疡病的发生，同时如遇阴雨天气，灼伤部分还常引起核桃仁霉烂病菌链格孢菌的腐生。

防治方法

农业防治 合理修剪、建立良好树体结构，使叶片分布合理，夏日利用叶片遮盖果实，防止烈日暴晒。夏季高温期间核桃园适时灌水，以调节果园内的小气候；灌水后及时中耕，促根系活动，保持树体水分供应均衡。

化学防治 密切注意天气变化，如有可能出现发生日灼的炎热天气，于午前喷洒0.2%～0.3%磷酸二氢钾溶液或2%石灰乳液、清水，有一定的预防作用。

㉑ 核桃缺素症（图1-21-1，图1-21-2）

症状诊断　不同的缺素症表现出不同的症状，常见的缺素症有：

缺氮症　主要表现为植株生长缓慢、瘦小、直立；叶片色泽均一，呈浅绿或黄绿；叶片黄化首先从下部老叶开始，逐渐扩展到上部叶片；黄叶常提早脱落；根量少、细长而白；花和果实少；成熟提早，产量和品质下降。原因是土壤中缺氮或持续降雨、土壤透气性差，植物根系不能正常吸收氮素所致。

缺磷症　表现为生长停滞、植株矮小瘦弱、茎细直立、分枝少；叶片小，叶色暗绿、灰绿或暗红、紫色、缺光泽；根系发育差，易老化；成熟延迟，果实小或籽粒空瘪，产量及品质降低。由于磷在植物体内易移动，能够重复利用，缺磷症状首先在下部老叶出现，以后逐渐向上发展。原因是：土壤本身含磷量低；土壤碱性，含有石灰质多，施用磷肥易被固定，磷肥利用率降低；偏施氮肥，磷肥施用量过少。

缺铁症　又称黄叶病。先从嫩叶开始，叶色变白，但叶脉仍保持绿色，严重时沿叶缘变黄褐色枯死。原因是土壤中碳酸钙过多，氧气不足，生长前期水分过多，土壤温度过高或过低，根系不发达，减少了小根冠而不能很好地吸收铁元素。

缺锌症　又名小叶病。典型症状是簇叶和小叶，叶片硬化，枝条顶端枯死。主要病因是由于石灰性土壤及酸性土壤施用了石灰，降低了土壤中锌的可供性。

缺铜症　初期叶片出现褐色斑点，引起叶片早黄早落，核桃仁萎缩。小枝的表皮产生黑色斑点，严重时枝条死亡。发病原因是由于在碱性、石灰性土壤和砂性土壤中，铜的有效性较低。

缺硼症　主要表现为小枝梢枯死，小叶脉间出现棕色斑点，幼果容易脱落。原因是对酸性土壤用石灰量过大，使硼呈不溶解状态，有效性降低。

病因　核桃树生长过程中，由于缺乏某种微量元素，或者土壤中某些微量元素不能被核桃树吸收，导致植株表现出各种生长发育不正常现象。

防治方法

防治缺氮症　增施有机肥，培肥地力；根据核桃树生长情况及土壤肥力情况，及时适量追施氮肥；雨季注意果园排涝；配合施用氮磷钾及各种微量元素肥料。

防治缺磷症　增施基施，并以有机肥为主，配合无机磷肥或含磷复合肥；生长期喷布0.2%~0.3%磷酸二氢钾2~3次；也可用1%~3%过磷酸钙水澄清液或0.5%~1.0%磷酸铵水溶液喷施。

防治缺铁症　增施农家肥或用硫酸亚铁与农家肥混合施用，可使土壤中的铁元素变为可溶性而被树体吸收；发芽前喷洒0.4%硫酸亚铁溶液；生长期喷洒

0.1%柠檬酸铁溶液或0.1%硫酸亚铁液。

防治缺锌症 发芽前20~40天喷洒4%~5%硫酸锌液，或于叶片展开后喷洒0.3%硫酸锌液，15~20天1次，连续2~3次，可以维持数年。

防治缺铜症 春季展叶后喷洒1：1：200倍式波尔多液或0.3%~0.5%的硫酸铜液，或在距树干约70厘米处开20厘米深的沟，施入硫酸铜液。喷洒波尔多液可以起到补铜和防病兼收的效果。

防治缺硼症 结合冬施基肥，成龄树每株开沟施入硼砂0.2~0.25千克，施后灌水。或于生长期喷洒0.1%~0.2%硼砂溶液。

22 核桃木腐病（图1-22-1至图1-22-3）

症状诊断 病害多发生在衰老的大树树干或大枝上，病菌寄生后导致受害处腐朽脱落，木质部由外向内、自上而下腐烂。病菌向四周健康部位扩展，形成大型长条状溃疡。在死亡的树皮及木质部上散生或群生病菌子实体，又叫担子果，呈覆瓦状排列，子实体大小不等，有卵形、纺锤形、长椭圆形等，边缘向内卷，菌盖厚6~42毫米，上具绒毛或粗毛，初夏为灰褐色，质软、水分多，表面光滑；秋天子实体干后，表面呈灰白色，内部褐色，有裂纹，较坚硬。

病原 为担子菌门的裂褶菌。危害干枝。

发病规律 菌褶在干燥条件下可长期存活，遇有合适温度、湿度，表面绒毛迅速吸水恢复生长能力，在数小时内能释放孢子进行传播。病原菌多从伤口侵入。子实体春夏高温多雨季节、旬均气温25~32℃时发生重，8月上旬停止增大。老龄、树势衰弱、主枝折断、皮部伤口多、管理粗放、病虫害发生严重的核桃园发病重；林间湿度大有利于子实体的产生和孢子的传播。

防治方法

农业防治 加强管理，科学修剪，增施有机肥，合理配方施用氮、磷、钾肥，增强树势，提高核桃树的抗病能力；保护树体，减少伤口，是预防本病重要有效措施。

化学防治 发现木腐病子实体彻底清除，并刮干净感病的木质部，伤口用1%硫酸铜液或25%多菌灵可湿性粉剂500倍液、50%甲基硫菌灵活可湿性粉剂400倍液、80%代森锌可湿性粉剂600倍液、30%王铜悬浮剂300倍液等涂抹杀菌消毒，再涂波尔多液或煤焦油等保护，以利伤口愈合，减少病菌侵染。清除的木腐病子实体要携出园外集中销毁。

合理修剪 更新主枝或树冠更新时，伤口削平后，用上述杀菌剂涂之杀菌，并涂白漆以防雨水自伤口入侵并带进病菌。

防虫治病 积极防治其他病虫害。

23 山核桃丛毛病（图1-23-1）

症状诊断 发病初期叶面散生或集生浅色1毫米左右的小圆斑，后病斑逐渐扩大，病斑颜色逐渐变深，多呈圆形至不规则形，痂疤状；叶背面对应处出现浅黄褐色细毛丛，严重时病叶干枯脱落。

病原 为瘿螨目胡桃绒毛瘿螨，又名山核桃疥子病、痂疤病。分布河北、辽宁、吉林等产区。危害叶片。

发病规律 瘿螨秋末潜入芽鳞内越冬，翌年温度适宜时出蛰危害。通过潜伏在叶背面凹陷处茸毛丛中隐蔽活动，在高温干燥条件下，繁殖较快，活动能力也较强。河北7月上旬至9月中下旬发生较重。

防治方法

农业防治 及时剪除有螨枝条和叶片，集中烧毁或深埋。

化学防治 ①芽萌动前，对发病较重的树体喷洒45%晶体石硫合剂300倍液或73%炔螨特乳油2000～3000倍液、20%哒螨灵可湿性粉剂2500～3000倍液、20%吡螨胺乳油3000倍液、24%螨威多悬浮剂4000～5000倍液等杀螨剂。②瘿螨发生期的6月初至8月中下旬，喷洒45%晶体石硫合剂300倍液或45%硫黄悬浮剂300～500倍液，或上述杀螨剂，15天1次，连喷3～4次。

第2章

核桃害虫诊断与防治

01 核桃举肢蛾（图2-1-1至图2-1-3）

属鳞翅目举肢蛾科。又名核桃黑。

分布与寄主

分布　河南、河北、北京、山东、陕西、四川、贵州等核桃产区。

寄主　核桃。

危害特点　幼虫蛀食核桃果实和种仁，被害果变黑，常提早脱落。

形态诊断　成虫：体长4~7毫米，翅展12~15毫米。黑褐色有光泽，腹面银白；翅狭长披针状，缘毛长；前翅端部1/3处有一半月形白斑，后缘基部1/3处有一长圆形白斑；后足长，栖息时向外侧上方举起，故名举肢蛾。卵：椭圆形，初产乳白渐变黄白，孵化前为红褐色。幼虫：体长7.5~9毫米，头黄褐至暗褐色，胴部淡黄褐色，背面微红，前胸盾和胸足黄褐色。蛹：长4~7毫米，黄褐至褐色。茧长8~10毫米，长椭圆形。

发生规律　河北、山西1年发生1代，陕西1~2代，河南2代，多以老熟幼虫于树下土中或杂草中越冬，少数可在树干基部树皮缝中越冬。1代区翌年6月上旬至7月下旬越冬幼虫化蛹，蛹期7天左右，6月下旬至7月上旬为越冬代成虫发生期，6月中下旬幼虫开始危害，30~45天后幼虫老熟脱果入土越冬，脱果期7月中旬至9月。2代区成虫分别发生在5月中旬至7月中旬，7月上旬至9月上旬。成虫昼伏夜出，卵多散产于两果相接的缝隙处，少数产于梗洼、萼洼、叶腋或叶上。卵期约5天，幼虫蛀果后，被害果渐变琥珀色。1代区被害果最后变黑，故称"核桃黑"。2代区第一代幼虫多害果壳和种仁，危害状不明显，但被害果多脱落，第二代幼虫多于青皮内蛀食，被害处变黑很少落果。

防治方法

农业防治　秋末或早春深翻树盘，或用硬刷子刮刷老树皮。消灭土中或树皮缝中越冬幼虫。生长季节及时摘除虫果和捡拾落果，集中处理。

化学防治　①成虫羽化出土前，树冠下地面喷洒药剂。方法是在距树干1米范围内施药，每亩用50%辛硫磷颗粒剂5~7.5千克或50%辛硫磷乳剂0.5千克与50千克细沙土混合均匀撒入树冠下，或用50%辛硫磷乳油800倍液对树冠下土壤喷雾。施用后，需将地面用齿耙耧耙几次，深5~10厘米，使药土混合，提高防治效果。这两种药剂是目前防治此虫进行土壤处理残效期最长的药剂，且效果好，也可用菊酯类或敌敌畏、马拉硫磷等杀虫剂。②2代区可在5月下旬，田间越冬代蛾出现后及时喷洒50%杀螟硫磷乳油，或5%氟虫脲乳油1000~2000倍液、50%杀螟丹可溶性粉剂2000倍液、10%联苯菊酯乳油3000~4000倍液、20%氰戊菊酯乳油2000倍液等，6月中旬再防1

次。1代区可在6月中旬喷第1次药，7月上旬再喷第2次药。③山谷或郁闭果园可于成虫发生期施用烟剂，熏杀成虫。

02 核桃果象甲（图2-2-1）

属鞘翅目象甲科。又名核桃长足象甲。

分布与寄主

分布 河南、山东、陕西、湖北、四川等产区。

寄主 核桃。

危害特点 成虫啃咬嫩枝、幼果；幼虫蛀食果实、种仁，果实被害后，种仁变黑，果内充满棕黑色虫粪，6、7月即大量落果，重至绝收。

形态诊断 成虫：体长10毫米左右，黑褐色，密布棕色短毛；头管粗长，密布小刻点；触角膝状，着生于头管的1/2处；前胸背板密布黑色瘤状凸起，鞘翅上有明显的条状凹凸纵带，鞘翅基部明显向前凸出。卵：椭圆形，长1.2~1.4毫米，初产黄白渐变为黄褐色。幼虫：老熟幼虫体长14~16毫米，弯曲，头部棕褐色，其余部分淡黄色。蛹：长约10毫米，初乳白色渐变为黄褐色。

发生规律 1年发生1代，以成虫在树干基部阳面的粗皮缝中或向阳处的杂草、表土层中越冬。翌年4~5月成虫上树取食嫩芽。成虫行动迟缓，飞翔力弱，具假死性，喜光，多在阳面取食活动。5月中旬前后产卵，产卵期长达30~50天。产卵前先在果面咬约3毫米深的卵孔，产卵于其中。每果产卵1粒。单雌产卵105~183粒。卵期3~8天，幼虫孵出后蛀入果内，幼虫期50天。4~5月发生的幼虫，在内果皮硬化前，主要取食种仁，蛀道内充满黑褐色虫粪，种仁变黑，果实早落；6~7月发生的幼虫多在中果皮取食，使果面留有条状下凹的黑褐色虫疤，种仁瘦小，品质下降。6月下旬化蛹，8月成虫羽化危害一段时间后越冬。天敌有红尾伯劳、寄生蝇和蚂蚁。

防治方法

农业防治 及时捡拾落果，并摘除树上的被害果，集中处理，以消灭幼虫、蛹和未出果的成虫。也可在成虫发生盛期振动树枝，树下铺置塑料布，收集并杀灭落地成虫。

生物防治 适期喷洒每毫升含孢量2亿的白僵菌液，喷菌液时相对湿度在80%以上时，效果良好。注意保护利用天敌。

化学防治 从成虫出蛰盛期至幼虫孵化盛期，是药剂防治的关键时期，可喷洒50%丙硫磷乳油或50%辛硫磷乳油、50%杀螟硫磷乳油1000倍液、25%甲萘威可湿性粉剂600~800倍液、10%联苯菊酯乳油2000倍液、10%氯菊酯乳油1000~1500倍液、50%辛·溴乳油1500倍液等。

03 桃蛀螟（图2-3-1至图2-3-6）

属鳞翅目螟蛾科。又名桃蛀野螟、桃斑螟、桃实螟、桃果蠹、桃蠹螟、桃蠹心虫、桃蛀心虫、桃实虫、桃野螟蛾、桃斑纹野螟蛾、果斑螟蛾、豹纹蛾、豹纹斑螟。

分布与寄主

分布 全国各产区。

寄主 梨、桃、山楂、核桃、柿、杏、石榴、板栗等果树。

危害特点 幼虫从果与果、果与叶、果与枝的接触处钻入果实危害。果实内充满虫粪，致果实腐烂并造成落果或干果挂在树上。

形态诊断 成虫：体长10~12毫米，翅展24~26毫米，全体金黄色；胸、腹部及翅上都具有黑色斑点；触角丝状；雌蛾腹部末节呈圆锥形，雄蛾腹部末端有黑色毛丛。卵：椭圆形，长0.6~0.7毫米，乳白至红褐色。幼虫：体长22~25毫米，头部暗黑色，胸部暗红色或淡灰或浅灰蓝色，腹面淡绿色；前胸背板深褐色；中、后胸及第一至八腹节各有排成2列的大小毛片8个，前列6个后列2个。蛹：褐色或淡褐色，长约13毫米。

发生规律 黄淮地区1年发生4代，以老熟幼虫或蛹在僵果中、树皮裂缝、堆果场及残枝败叶中越冬。4月上旬越冬幼虫化蛹，下旬羽化产卵；5月中旬发生第一代；7月上旬发生第二代；8月上旬发生第三代；9月上旬为第四代，而后以老熟幼虫或蛹越冬。成虫昼伏夜出，对黑光灯趋性强，对糖醋液也有趋性。卵散产于两果相并处和枝叶遮盖的果面或梗洼上，卵期7天左右。幼虫世代重叠严重，尤以第一、二代重叠常见，以第二代危害重。

防治方法

农业防治 冬春季彻底清理树上、树下干僵果及园内枯枝落叶和刮除翘裂的树皮，清除果园周围的玉米、高粱、向日葵、蓖麻等遗株深埋或烧毁，消灭越冬幼虫及蛹。

物理防治 在果园内点黑光灯或放置糖醋液诱杀成虫。种植诱集作物诱杀。根据桃蛀螟对玉米、高粱、向日葵趋性强的特性，在果园内或四周种植诱集作物，集中诱杀。一般每亩种植玉米、高粱或向日葵20~30株。

化学防治 掌握在桃蛀螟第一、二代成虫产卵高峰期的6月20日至7月30日间喷药，施药3~5次，叶面喷洒90%晶体敌百虫800~1000倍液或20%氰戊菊酯乳油1500~2000倍液、2.5%溴氰菊酯乳油2000~3000倍液、50%辛硫磷乳油1000倍液等。

04 核桃缀叶螟（图2-4-1至图2-4-4）

属鳞翅目螟蛾科。又名木橑黏虫、核桃毛虫。

分布与寄主

分布　全国各核桃产区。

寄主　核桃、木橑等果树和林木。

危害特点　幼虫食叶成缺刻或孔洞，严重时食光叶片。

形态诊断　成虫：体长14～20毫米，翅展35～50毫米，全体黄褐色；前翅色深，稍带淡红褐色，有明显的黑褐色内横线及曲折的外横线，横线两侧靠近前缘处及外缘翅脉间各有黑褐色斑点1个；前翅前缘中部有一黄褐色斑点；后翅灰褐色，越接近外缘颜色越深。卵：球形，密集排列成鱼鳞状卵块，每块有卵约200粒。幼虫：成龄幼虫体长20～30毫米，背中线杏黄色较宽，亚背线、气门上线黑色，体侧各节生黄白色斑。蛹：长16毫米左右，深褐色。茧：长20毫米左右，硬似牛皮纸。

发生规律　1年发生1代，以老熟幼虫在根茎部及距树干1米范围内土中10厘米土层中结茧越冬。翌年6月中旬至8月上旬越冬代幼虫进入化蛹期，蛹期10～20天。6月下旬至9月上旬成虫羽化，卵块产于叶面上。7月上旬至8月上中旬幼虫孵化，初孵幼虫群集在叶面上吐丝结网，舐食叶肉，2、3龄后多分成几群危害，常把叶片缠卷成一团，4龄后分散活动，一头幼虫缠卷3～4张叶片。白天静伏在卷筒中，夜间危害，进入8月中旬后，老熟幼虫下树入土做茧越冬。

防治方法

农业防治　冬春季深翻树盘，利用低温和鸟食消灭越冬茧。幼虫发生期，及时摘除虫苞集中烧毁。

化学防治　7月中下旬幼虫卷虫苞前，及时喷洒50%敌敌畏乳油1000倍液或50%杀螟硫磷乳油1500倍液、5.7%氟氯氰菊酯乳油3000～4000倍液、5%顺式氰戊菊酯乳油2000～4000倍液、20%抑食肼可湿性粉剂1500～2000倍液等。

05 核桃瘤蛾（图2-5-1至图2-5-5）

属鳞翅目瘤蛾科。又名核桃毛虫。

分布与寄主

分布　北京、河南、河北、山东、山西、陕西、甘肃及周边产区。

寄主　核桃、石榴等果树。

危害特点　暴食性害虫，以幼虫食害核桃和石榴叶片，7、8月危害最重，几天内可将叶片吃光，致使2次发芽，异致树势衰弱。

形态诊断 成虫：雌虫体长9~11毫米，翅展21~24毫米；雄虫体长8~9毫米，翅展19~23毫米。全体灰褐色，前翅前缘基部及中部有3个隆起的鳞簇，基部的一个色较浅，中部的两个色较深，组成了两块明显的黑斑。从前缘至后缘有3条由黑色鳞片组成的波状纹，后缘中部有一褐色斑纹。卵：直径0.4~0.5毫米，扁圆形，中央顶部略呈凹陷，四周有细刻纹。幼虫：多为7龄，体长12~15毫米。4龄前体色黄褐，体毛短，4龄后体色灰褐色，体毛明显增长。老熟时背面棕黑色，腹面淡黄褐色，体形短粗而扁，气门黑色。蛹：体长8~10毫米，黄褐色，椭圆形，腹部末端半球形，光滑无臀棘。越冬茧长圆形，丝质细密，浅黄色。

发生规律 1年发生2代，以蛹在石堰缝、树皮裂缝及树干周围杂草落叶中越冬，在有石堰的地方，石堰缝中多达97%以上。越冬代成虫羽化时间为5月下旬至7月中旬，盛期在6月上旬末。成虫多在18：00~20：00羽化，白天不活动，晚22：00最活跃，对黑光灯光趋性强，对一般灯光无趋性。羽化2天后于清晨4：00~6：00交尾，第二天产卵，散产在叶背、叶腋处，每处产卵1粒；第一代雌蛾单雌产卵264粒左右，越冬代70多粒；第一代卵盛期在6月中旬，卵期6~7天，第二代卵盛期为8月上旬末，卵期5~6天；1~2两代卵发生时间几乎相连，共达100多天。幼虫3龄前在叶背及叶腋处取食，食量少；3龄后常转移危害，把网状脉吃掉，夜间取食最烈，外围及上部受害重；幼虫期18~27天。幼虫老熟后顺树干下树作茧化蛹，第一代幼虫于7月下旬老熟下树，有少数不下树在树皮裂缝中及枝杈处结茧化蛹，蛹期9~10天；第二代幼虫老熟盛期在9月上中旬，全部下树化蛹越冬，越冬蛹期9个月左右。

防治方法

物理防治 用黑光灯大面积联防诱杀。

农业防治 利用老熟幼虫顺树干下地化蛹的习性在树干绑草诱杀，麦秸绳效果最好，青草效果差。

化学防治 在幼虫危害期，喷布90%晶体敌百虫或50%杀螟硫磷乳油1000~1500倍液、5.7%氟氯氰菊酯乳油3000倍液杀虫。

⑥ 核桃鞍象 （图2-6-1）

属鞘翅目象甲科。又名鞍象、鞍象甲。

分布与寄主

分布 陕西、四川、贵州、湖北、湖南、江西、广东、广西及周边产区。

寄主 核桃、苹果、梨、桃等多种果树。

危害特点 以成虫啃食核桃等寄主的幼芽和叶片叶肉，尤喜食转绿前的嫩芽。仅残留透明的叶片表皮，重者把全叶吃光，只剩主脉。

形态诊断 成虫：雌体长5.5~6毫米，宽1.5~1.7毫米，雄体长3.3~4.4毫米，宽1.3~1.4毫米；体长椭圆形，头小腹大；体壁黑色或红褐色，密被黄绿色圆形和暗褐色毛状鳞片，全体具金属光泽，背面较鲜艳，腹面较暗；触角细长9节；前胸长筒形，鞘翅上具10条纵行的刻点沟；足细长，黑色至暗褐色，被覆灰白色毛状鳞片。卵：椭圆形，长0.2~0.3毫米，乳白色。幼虫：体长4~6毫米，宽1.2~1.6毫米，全体乳白色，头部黄褐或茶褐色，体多皱纹，具有稀疏而短的刚毛。蛹：体长3.5~5.5毫米，宽1.5~2毫米，乳白色，体上具稀疏刺毛。

发生规律 1年发生1代，少数2年1代。以幼虫于地表6~13厘米的土层内筑椭圆形蛹室越冬。翌年春当土温上升到10℃以上时活动取食。3月底4月初化蛹，蛹期20~30天。4月下旬至5月上旬成虫羽化并出土危害，成虫出土迟早与当年雨季来临的迟早有关，当年雨季来得早，成虫出土就早，反之出土就迟。6~9月上旬成虫活动危害；6月中旬至8月上旬成虫在植株和草根附近的土中产卵。孵化的幼虫在土壤中以细小草根和腐殖质为食物，直至11月份越冬。

防治方法

农业防治 7、8月，果园经常中耕除草，除可直接杀死部分幼虫、蛹和成虫外，或被太阳晒死和鸟类啄食，可大大减少翌年的虫源。

化学防治 成虫大量出土危害期间，叶面喷洒90%晶体敌百虫1000~1200倍液；75%辛硫磷乳油或50%马拉松乳油1500倍液；或20%氰戊菊酯乳油1500倍液、10%氯氰菊酯乳油2000倍液等，连续进行2~3次，每10~15天1次。注意园内杂草上也要喷药，以切断此虫的食物和躲藏的地方。

07 核桃潜叶蛾（图2-7-1至图2-7-3）

属鳞翅目细蛾科。又名核桃潜蛾。

分布与寄主

分布 河北、山西及周边产区。

寄主 核桃。

危害特点 以幼虫潜叶危害，多于上表皮下蛀食叶肉，虫道成不规则线状，后成不规则形大斑，上表皮与叶肉分离成泡状，表皮逐渐干枯呈褐色，一片叶上常数头幼虫危害，重者10余头，导致全叶枯死。

形态诊断 成虫：体长约4毫米，翅展8~10毫米，体银灰色，头及胸背部银白色，头顶杂有黄褐色鳞片；触角丝状比前翅略长，灰黄色；前翅基部微褐色，其余部分暗灰色，狭长呈披针形，上有3条明显的白色带状斜纹，从前缘向后缘有3~4个小白斑，静止时两翅合交，背面观第一、第二条斜带状纹组成"V"字形白色斑纹；后翅狭长剑状，灰白至灰褐色，缘毛长，灰色；足灰白色；腹部灰白色。幼虫：圆筒形，长5~6毫米；体红色，头部黄褐色，前胸盾片黄褐至淡黑色；腹部10节；初龄幼虫淡黄白色，渐变淡橙黄色至红色。蛹：长约4毫米，黄褐色。

发生规律 1年发生3代。6月中旬出现幼虫，7月出现第一代成虫，8月出现第二代成虫，9月出现第三代成虫，此后不再见幼虫危害。幼虫老熟后脱出叶片，于枝条缝隙或叶片上吐丝结白色半透明薄茧化蛹，蛹期7~8天，羽化时蛹体露出茧外约一半而羽化，蛹壳残留。

防治方法

农业防治 冬春季彻底清除园内枯叶杂草，集中销毁，消灭越冬虫态。

化学防治 幼虫危害初期叶面喷洒25%灭幼脲悬浮剂2000倍液，20%甲氰菊酯乳油或52.25%农地乐乳油1500~2000倍液、25%喹硫磷乳油1500倍液等。成虫集中发生期喷洒2.5%溴氰菊酯乳油2000倍液或25%灭幼脲3号悬浮剂2000倍液、80%敌敌畏乳油1000倍液、5%高效氯氰菊酯乳油1500倍液等。

08 核桃黑斑蚜 （图2-8-1至图2-8-4）

属同翅目斑蚜科。

分布与寄主

分布 山西、北京、辽宁及周边产区。

寄主 核桃。

危害特点 以成蚜、若蚜在核桃叶背及幼果上刺吸汁液危害，造成芽、叶失绿或卷缩，排泄物沾污被害部位，易引起煤污病的发生。

形态诊断 成虫：有翅孤雌蚜体长1.7~2.1毫米，淡黄色，尾片近圆形。性蚜：雌成蚜体长1.6~1.8毫米，无翅，淡黄绿至橘红色；头和前胸背面有淡褐色斑纹，中胸有黑褐色大斑；腹部第三至第五节背面有一个黑褐色大斑。雄成蚜体长1.6~1.7毫米，头胸部灰色，腹部淡黄色；第四、第五腹节背面各有一对椭圆形灰黑色横斑；尾片上有毛7~12根。若蚜：一龄若蚜体长0.53~0.75毫米，长椭圆形，胸部和腹部第一至第七节背面每节有4个灰黑色椭圆形斑，第八腹节背面中央有一个较大横斑；3、4龄若蚜灰黑色斑消失。卵：长卵圆形，长0.5~0.6毫米，黄绿色至黑色。

发生规律 山西1年发生15代左右，以卵在枝杈树皮缝中、叶痕等处越冬。翌年4月中旬越冬卵孵化，若蚜群集在膨大树芽或叶片上吸食危害。4月底5月初若蚜发育为成蚜，营孤雌生殖，卵胎生产生有翅孤雌蚜，有翅孤雌蚜1年发生12~14代，成蚜较活泼，可飞散至邻近树上。1年有2个危害高峰，分别在6月、8月中下旬至9月初。8月下旬至9月中旬产生性蚜，交配后，雌蚜选择枝条上合适部位产卵越冬。天敌有七星瓢虫、异色瓢虫、草蛉等。

防治方法

农业防治　冬春季用硬刷子刮刷枝杈以下树皮缝隙，并用石灰水涂干，消灭越冬卵。

生物防治　有条件地区可人工饲养释放七星瓢虫、草蛉等，利用天敌控制蚜虫的发生。

化学防治　防治的关键时期是蚜虫发生的2个高峰前，当每片叶蚜量达50头以上时，及时喷洒50%抗蚜威可湿性粉剂5000倍液或10%吡虫啉乳油2000倍液、20%异丙威乳油2500倍液、50%杀螟硫磷乳油1000倍液、20%戊菊酯乳油1000~1500倍液等。

09 山核桃刻蚜（图2-9-1，图2-9-2）

属同翅目蚜科。又名核桃蚜虫、腻虫。

分布与寄主

分　布　浙江、安徽、河南、河北及周边产区。

寄　主　核桃、山核桃。

危害特点　以成蚜、若蚜危害花序、嫩芽和叶片，重者至雌、雄花序脱落，叶芽、嫩枝枯死，树势衰弱，甚至整株枯死，严重影响当年和翌年核桃产量。

形态诊断　成虫：第一代蚜，淡绿色渐变为红褐色，体扁圆形无翅，体长2~2.5毫米，体宽1.5毫米，背面多皱，具小突起，口针细长达腹末；第二代蚜，体长约2毫米，扁椭圆形，体绿色无翅，由第一代蚜行孤雌卵胎生而来，全为雌性；第三代蚜，成蚜体长约2毫米，前翅长为体长的2倍，平覆于体背，翅前缘有一黑色翅痣，腹背有两条绿色带，若蚜与第二代蚜相似；第四代蚜无翅，雌蚜体长0.6~0.7毫米，黄绿色带黑，雄、雌蚜比为1：3。卵：椭圆形，长0.6毫米，初白渐变黑色。

发生规律　1年发生4代，以卵在核桃的芽、叶痕及枝条裂缝里越冬。翌年2月上中旬孵化为第一代，3月中下旬行孤雌卵胎生，产生第二代，集中危害开始萌动的芽。4月上中旬，仍行孤雌卵胎生，产生第三代，此期1~3代蚜同时存在，群集于花序、嫩芽、嫩叶上，是一年中危害的盛期。4月中下旬产生第四代蚜，聚集于叶背危害越夏，直至9月下旬再危害。10月下旬至11月上旬发育为无翅雌蚜和雄蚜，交尾后产卵，以卵越冬。核桃刻蚜在越夏期喜湿润凉爽，高温干旱可使大量虫体干瘪、发黑死亡，因此，阴坡的核桃刻蚜一般多于阳坡，山凹多于山岗。天敌有瓢虫、蚜茧蜂、食蚜蝇、草蛉、寄生真菌等。

防治方法

生物防治　果园间作麦类、蔬菜及豆类作物等，增加天敌数量；尽量少喷洒广谱性农药，避免在天敌多的时期喷洒农药；当果园有虫株率在10%以下时，可以不施农药，而靠天敌自然控制刻蚜危害。

化学防治　①休眠期喷药杀卵。于落叶后或早春发芽前树体上喷洒50%丙硫磷乳油1000倍液或99%绿颖乳油（机油乳剂）100倍液杀越冬卵效果好，且对天敌安全。②药剂涂干。3月中下旬核桃发芽时，用刀在树干基部刮2个上下错开的半圆环（刮到露青皮为止），涂抹40%辛硫磷乳油或50%二嗪磷乳油500倍液，靠树体内吸杀蚜。③药剂喷雾。3月下旬至4月份，树冠喷洒1.2%烟·参碱乳油800~1000倍液或45%马拉硫磷乳油1500倍液、50%丙硫磷乳油2000倍液、50%辛硫磷乳油1000倍液、50%抗蚜威可湿性粉剂3000~4000倍液、20%氰戊菊酯乳油1000~1500倍液、10%醚菊酯乳油1000~1500倍液等。

⑩　核桃古毒蛾（图2-10-1至图2-10-5）

属鳞翅目毒蛾科。又名角斑古毒蛾、赤纹夜蛾、杨白纹夜蛾、梨叶毒蛾、囊尾毒蛾。

分布与寄主

分布　黄淮、华北、西北产区。

寄主　柿、核桃、苹果、梨、桃、樱桃、山楂、杏等果树。

危害特点　以幼虫、成虫食芽、叶和果实。初孵幼虫群集叶背取食叶肉，残留上表皮，稍大后分散取食。危害芽多从芽基部蛀食成孔洞，致芽枯死；食害嫩叶，仅残留叶柄；成虫食叶成缺刻和孔洞，重时仅留粗脉；食害果实表面成不规则的凹斑和孔洞，幼果被害多脱落。

形态诊断　成虫：雌雄异型，雌体长10~22毫米，翅退化仅残留痕迹，体略呈椭圆形，灰至灰黄色，密被深灰色短毛和黄、白色绒毛；头很小，触角丝状；足灰色有白毛。雄体长8~12毫米，翅展25~36毫米，体灰褐色，触角短羽毛状；前翅黄褐至红褐色，翅基前半部有白鳞，后半部赭褐色，具波浪形白色细线，近前缘有1赭黄色斑，后缘有1新月形白斑，缘毛暗褐色；后翅栗褐色，缘毛黄灰色。卵：近球形，直径0.8~0.9毫米，初白色渐变灰黄色。幼虫：体长33~40毫米，头部灰至黑色，上生细毛；体黑灰色，被黄色和黑色毛，亚背线上生有白色短毛；前胸两侧各有1束向前伸的由黑色羽状毛组成的长毛；第一至四腹节背面中央各有1簇黄灰至深褐色刷状短毛；第八腹节背面有1束向后斜伸的黑长毛。蛹：长8~20毫米，雌灰色，雄黑褐色。茧：纺锤形，丝质较薄。

发生规律　东北1年发生1代，黄淮地区2代。均以幼虫于树皮缝中及干基部附近的落叶等覆盖物下越冬。1代区，越冬幼虫5月间出蛰危害，6月底老熟吐丝缀叶或于枝杈及皮缝等处结茧化蛹。蛹期6~8天。7月上旬羽化，雄蛾白天飞到于茧上栖息的雌蛾上交配。卵多块产于茧的表面，上覆雌蛾鳞毛。卵期14~20天，孵化后分散危害至越冬。2代区，4月上中旬寄主发芽时出蛰危害，5月中旬化蛹，蛹期15天左右，越冬代成虫6~7月羽化产卵，卵期10~13天。第一代幼虫6月下旬发生，第一代成虫8月中旬至9月中旬发生。第二代幼虫8月下旬发生，危害至9月中旬前后潜入越冬场所越冬，天敌有赤眼蜂、姬蜂、小茧蜂、细蜂、寄生蝇等20多种。

防治方法

农业防治　9月前树干上束草诱幼虫栖息，入冬后解草烧掉。冬春季彻底清除园内枯枝落叶，用硬刷子刮刷老树皮、堵塞树洞等，消灭越冬幼虫。

生物防治　在成虫产卵期，每间隔7天左右，释放松毛虫赤眼蜂1次，连续3次，每株树每次释放3000~5000头，防治效果好。

化学防治　于卵孵化盛期和低龄幼虫期，喷洒90%晶体敌百虫800~1000倍液或50%杀螟硫磷乳油1000倍液、50%辛硫磷乳油1200倍液、50%马拉硫磷乳油1500倍液、5%氯氰菊酯乳油3000倍液、10%溴氰菊酯乳油3500~4000倍液、25%灭幼脲胶悬剂1200倍液等。

⑪ 核桃叶甲（图2-11-1至图2-11-4）

属鞘翅目叶甲科。又名核桃金花虫、核桃扁叶甲。

分布与寄主

分布　全国各产区。

寄主　核桃。

危害特点　以成虫和幼虫食害叶片，受害叶呈网状，很快变黑枯死。

形态诊断　成虫：体长5~8毫米，体极扁平，略呈长方形；触角不及体长的一半；前胸背板基部狭于鞘翅，前缘凹进很深，头部及鞘翅上有粗大的刻点，鞘翅蓝紫色，有光泽。卵：黄绿色。幼虫：初龄幼虫体黑，老熟幼虫体长10毫米左右，胸、腹部暗黄色，前胸背板淡红褐色，两侧具黑褐色斑纹及1个大圆斑，多数体节有黑色瘤突；胸足3对，无腹足。蛹：黑褐色，腹末附有幼虫蜕的皮。

发生规律　1年发生1代，以成虫在地面覆盖物中及树干基部70~135厘米高处的树皮缝隙内越冬。华北地区，5月初越冬成虫开始活动，云南等地4月上旬上树取食。成虫群集嫩叶上，将嫩叶吃成网状或破碎。卵产于叶背，块状，每块20~30粒。幼虫孵化后群集叶背取食，致叶片枯黄。6月下旬幼虫老熟，以腹部末端附于叶上，倒悬化蛹。经4~5天后成虫羽化，进行短期取食后即潜伏越冬。

防治方法

农业防治　冬春季彻底清除园内枯枝落叶，刮除树干140厘米以下老树皮，集中销毁，消灭越冬成虫；幼虫发生期摘有卵叶片或幼虫集中危害的叶片，杀卵和幼虫。

化学防治　卵孵化盛期喷洒30%乙酰甲胺磷乳油800倍液或10%氯氰菊酯乳

油2000倍液、2.5%溴氰菊酯乳油2000~2500倍液、10%氯菊酯乳油1000~1500倍液、50%杀螟丹可湿性粉剂1500~2000倍液等。

12 核桃美舟蛾（图2-12-1至图2-12-3）

属鳞翅目舟蛾科。又名核桃舟蛾、核桃天社蛾。

分布与寄主

分布　除西藏、青海等地未见报道外，全国其他产区均有分布。

寄主　核桃、楸树。

危害特点　以幼虫食害核桃嫩芽和叶，重者吃光叶片，造成二次抽叶或致果实提早脱落，受害严重的树3~5年不结实，甚至枯死。

形态诊断　成虫：体长18~23毫米；翅展雄44~53毫米，雌53~63毫米；头部赭色，颈板和腹部灰褐黄色，胸背及前翅暗棕色；前翅前、后缘各有1黄褐色大斑，前缘大黄斑大刀形，几乎占满中室以上的整个前缘部分，后缘黄斑椭圆形，每斑内各有4条衬明亮边的暗褐色横线；后翅淡黄色。幼虫：头红褐色，胸部浅褐色，第三胸节和腹部底色嫩绿色；腹背紫褐色花纹沿胸背向后延伸到第三腹节扩大呈钝锚形，随后变窄到第七、八腹节再扩大呈菱形，整个紫褐色花纹衬黄白色边，疣状瘤上具2个小黑点，紧贴两侧有2~3个白点，背线黑色，腹面第6~8节紫褐色，中央具亮线。

发生规律　北方产区1年发生2代，入秋后以老熟幼虫吐丝缀叶作茧化蛹越冬，翌年5~6月和7~8月分别羽化第一、二代成虫，卵散产，幼虫在6月和8~9月发生危害，散居，静止时龙舟形。

防治方法

农业防治　冬春季彻底清除园内枯枝落叶，集叶堆沤或烧毁，消灭越冬蛹。

物理防治　成虫发生期利用黑光灯诱杀成虫。

药剂防治　①各代卵孵化盛期和低龄幼虫期，喷洒20%氰戊菊酯乳油或2.5%溴氰菊酯乳油3000倍液；90%晶体敌百虫1000倍液或20%除虫脲悬浮剂1500~2000倍液、50%杀螟丹可湿性粉剂1000~2000倍液等。②烟剂杀虫。在林区密度较大的地方每亩用1千克621烟剂防虫效果好。

13 核桃尺蠖（图2-13-1至图2-13-3）

属鳞翅目尺蛾科。又名木橑尺蠖、木橑尺蛾、洋槐尺蠖、木橑步曲、吊死鬼、小大头虫、棍虫。

分布与寄主

分布　除西藏、青海等产区未见报道外，其他各产区均有分布。

寄主　核桃、板栗、山楂、木橑、苹果、柿等果树和林木。

危害特点　幼虫食叶成缺刻或孔洞，重者把整枝叶片吃光。长江以北产区常局部重度发生，造成很大危害。

形态诊断　成虫：体长17~31毫米，翅展54~78毫米，翅体白色，头棕黄色；触角雌丝状，雄短羽状；胸背有棕黄色鳞毛，中央有一浅灰色斑纹，前后翅均有不规则的灰色和橙色斑点，中室端部呈灰色不规则块状，在前后翅外缘线上各有一串橙色和深褐色圆斑；前翅基部有一个橙色大圆斑；雌腹部肥大，末端具棕黄色毛丛；雄腹瘦，末端鳞毛稀少。卵：椭圆形，初绿色渐变至黑色。幼虫：体长70毫米左右，体色似树皮，体上布满灰白色颗粒小点；头部密布白色、琥珀色、褐色泡沫状突起，头顶两侧呈马鞍状突起；前胸盾前缘两侧各有一突起，气门两侧各生一个白点；胴部第二至第十节前缘亚背线处各有一灰白色圆斑。蛹：长30~32毫米，黑褐色。

发生规律　华北1年发生1代，浙江1年发生2~3代，以蛹在树冠下土缝或园地土块、砖石下等各种隐蔽场所越冬。华北5~8月成虫于夜晚羽化，成虫昼伏夜出，趋光性较强。每雌可产卵1000~3000粒，卵产于树皮缝或石块上，数十粒成块上覆棕黄色鳞毛。卵期9~11天。5月下旬至10月为幼虫发生期，8月危害严重。初孵幼虫有群集性，较活泼，可吐丝下垂借风力传播，2龄后分散危害。幼虫期40天左右，老熟后入土，多在3厘米深处群集化蛹越冬。

防治方法

农业防治　冬春季彻底清园，并翻耕园地，利用低温和鸟食消灭土中越冬蛹。幼虫发生期摇树震落捕杀幼虫。园内放养鸡、鸭啄食幼虫。

物理防治　利用黑光灯诱杀成虫或清晨人工捕捉。

化学防治　各代幼虫孵化盛期，特别是第一代幼虫孵化期，喷洒50%氰戊菊酯乳油2000~3000倍液或50%杀螟硫磷乳油1000倍液、90%晶体敌百虫800~1000倍液、50%辛硫磷乳油1200倍液等。依据物候期施药第一次掌握在发芽初期，第二次在芽伸长35厘米时为宜。

⑭ 青胯白舟蛾（图2-14-1，图2-14-2）

属鳞翅目舟蛾科。又名山核桃青虫。

分布与寄主

分布　浙江、安徽、湖北及周边产区。

寄主　核桃。

危害特点　以幼虫啃食嫩芽和叶，幼虫具暴食性并易暴发流行，重者吃光全树叶片及大片核桃林叶片，产区有"上午一片青，下午一片黄"的说法，危害轻者，当年产量受影响，重者3~5年不结果，并导致核桃树枯死。

形态诊断 成虫：体长20~25毫米，雄蛾略小；翅展雄39~46毫米，雌50毫米左右，前翅略浅红褐色，散布黄白和黄绿色鳞片，前缘至基部灰白色；后翅灰褐色，前缘较暗，有一模糊外带；触角羽毛状，端部丝状。卵：圆形，油菜籽大小，初黄色渐变为黑色。幼虫：体长25~40毫米，3龄前青绿色，4龄后黄绿色，老熟时有红色或紫红色的背线1条，气门及肛上板红色；头部粉绿色，上有白色小粒点，头胸间有1条黄色环。蛹：长20~30毫米，黄褐色或黑褐色。

发生规律 1年发生4代，9月下旬至10月上旬以老熟幼虫入疏松湿润土中1~2厘米深处化蛹越冬。翌年4月中旬成虫羽化。成虫昼伏夜出，有较强趋光性。卵多块产于叶片背面，少数产在树皮上，每块卵10~150粒，单雌产卵200~500粒。卵期5~7天。初孵幼虫群集卵块周围危害，食叶缘成缺刻，有吐丝习性，3龄后暴食全叶，仅留叶柄。幼虫有在上午8：00~10：00在树干上下爬动习性。幼虫期25天左右，老熟后下树入土化蛹。各代幼虫危害期分别为5月上旬至6月下旬，7月中旬至7月下旬，8月上旬至8月下旬，9月上旬至10月上旬。各代成虫出现期分别为4月上中旬、6月下旬、7月下旬和8月下旬。坐北朝南，低洼向阳，三面环山的山谷是虫源发生地。天敌有多种鸟类和赤眼蜂等。

防治方法

农业防治 冬春耕翻园地，利用低温冻害和鸟食消灭土中越冬蛹。

生物防治 各代卵期在林间释放赤眼蜂，每亩6~7个蜂包。保护利用鸟类天敌控制害虫发生。

物理防治 成虫期果园放置黑光灯诱杀成虫效果好。

化学防治 于各代卵孵化盛期和幼虫分散危害前，叶面喷洒2.5%氰戊菊酯乳油或25%氯氰菊酯乳油3000~4000倍液；80%敌敌畏乳油1000~1500倍液或50%杀螟硫磷乳油1000倍液、40%毒死蜱乳油1200~1500倍液、5%氟啶脲乳油2500~3000倍液、40%辛硫磷乳油1000倍液、90%晶体敌百虫800~1000倍液等，10天1次，连防2~3次。大面积受害果园，可在黎明或傍晚或阴湿天气无风时用敌马烟剂，每亩1~2千克放烟防治，效果很好。

毒环法 利用幼虫在上午8：00~10：00在树干上下爬动和下树化蛹习性，在树干胸高部位涂一圈4份黄油加1份辛硫磷、宽度10厘米左右的药物混合层，毒杀幼虫。

⑮ 桑褶翅尺蠖（图2-15-1至图2-15-3）

属鳞翅目尺蛾科。又名桑褶翅尺蛾。

分布与寄主

分布 山西、陕西、河北、河南、辽宁、宁夏及周边产区。

寄主 核桃、桑、枣、山楂、苹果、梨等果树和林木。

危害特点 幼虫食芽、叶成缺刻和孔洞，重者仅留主脉。食幼果呈坑洼状。

形态诊断 成虫：雌体长14～16毫米，翅展46～48毫米，体灰褐色；触角丝状；腹部除末节外，各节两侧均有黑白相间的圆斑，头胸部多毛，前翅有红、白色斑纹，内、外线粗黑色；后翅前缘内曲，中部有一条黑色横纹，腹末有2个毛簇。雄体较小，色暗，触角羽状，前翅略窄，其余与雌相似。成虫静止时4翅褶叠竖起，因此得名。卵：扁椭圆形，长1毫米，褐色。幼虫：体长约40毫米，头黄褐色，前胸盾绿色，前缘淡黄白色；体绿色，腹部第一和第八节背部有一对肉质突起，第二至第四节各有一大而长的肉质突起，突起端部黑褐色，沿突起向两侧各有一条黄色横线，第二至第五节背面各有2条似"八"字形的黄短斜线，第一至第五节两侧下缘各有一肉质突起，似足状。臀板两侧白色，端部红褐色。腹线为红褐色纵带。蛹：长13～17毫米，短粗，红褐色。茧：半椭圆形，丝质附有泥土。

发生规律 1年发生1代，以蛹在土中或树根颈部越冬，翌年3月中旬开始羽化。成虫昼伏夜出，具假死性，受惊后即坠落地上。卵多产在光滑枝条上，堆生排列松散，每雌产卵600～1000粒。卵期20天左右，4月初孵化。幼虫静止时头部向腹面卷缩至第五腹节下，以腹足和臀足抱持枝上。幼虫有吐丝下垂习性，并通过吐丝下垂转移危害。老熟幼虫于树干周围3～9厘米土中，或根颈部贴树皮吐丝结茧化蛹越夏和越冬。

防治方法

农业防治 冬春季结合果园管理，翻耕树盘，用硬刷子刷根颈部虫茧，消灭越冬茧蛹。卵期常检查，及时刮除卵块。幼虫期人工捕捉，可以喂养家禽。

化学防治 越冬成虫羽化盛期及卵孵化前后是施药的关键时期，可喷洒80%敌敌畏乳油或48%毒死蜱乳油、25%喹硫磷乳油、50%杀螟硫磷乳油、50%马拉硫磷乳油1000～1500倍液；2.5%三氟氯氰菊酯乳油或2.5%溴氰菊酯乳油、20%氰戊菊酯乳油3000～3500倍液；10%联苯菊酯乳油4000倍液，52.25%蜱·氯乳油1500倍液等。

16 春尺蠖（图2-16-1至图2-16-4）

属鳞翅目尺蠖科。又名沙枣尺蠖、桑尺蠖、榆尺蠖、柳尺蠖等。

分布与寄主

分布 北方产区。

寄主 樱桃、杏、李、枣、核桃、苹果等果树。

危害特点 幼虫食害芽、叶，为暴食性害虫，严重时把芽、叶吃光。

形态诊断 成虫：雌蛾体长9～16毫米，灰褐色，无翅；雄蛾体长10～14毫米，翅展29～39毫米；雌雄蛾腹部各节背面均具棕黑色横行刺列。卵：椭圆形，黑紫色。幼虫：体长约35毫米，体色呈黄绿色至墨绿色。蛹：长8~18毫米，棕褐色。

发生规律　1年发生1代，以蛹在土中越冬。新疆于翌年2月下旬至4月中旬羽化，3月中下旬进入产卵高峰期，3月下旬至5月中旬进入幼虫期，4月中下旬是该虫暴食期，4月下旬幼虫入土化蛹，5月10日进入化蛹盛期。盐碱地果园受害重。天敌有麻雀等鸟类。

防治方法

农业防治　加强果园管理，及时翻耕树干四周的土壤，杀灭在土中越夏或越冬的蛹。

阻杀成虫　利用成虫羽化出土后沿树干上爬产卵的习性，将作物秸秆切成30~40厘米长，捆扎在树干四周厚5~8厘米，诱集成虫钻入产卵，每日打开捕杀成虫，并在卵尚未孵化前把草束集中烧掉。也可用废报纸绕树干围成倒喇叭口状，把成虫阻于内，每天早晨捕杀一次。

化学防治　在卵孵化前后及时喷洒90%晶体敌百虫800倍液、40%辛硫磷乳油或10%醚菊酯悬浮剂1000倍液、10%氯菊酯乳油1500倍液、48%哒嗪硫磷乳油1200倍液等。

⑰　**绿尾大蚕蛾**（图2-17-1至图2-17-12）

属鳞翅目大蚕蛾科。又名燕尾水青蛾、水青蛾、长尾月蛾、绿翅天蚕蛾。

分布与寄主

分布　除新疆、西藏、甘肃等地未见报道外，其他各核桃产区均有分布。

寄主　石榴、核桃、枣、苹果、梨、葡萄、沙果、海棠、栗、樱桃以及柳、枫、杨、木槿、乌桕等。

危害特点　幼虫食叶，低龄幼虫食叶成缺刻或空洞，稍大吃光全叶仅留叶柄。由于虫体大，食量大，发生严重时，吃光全树叶片。

形态诊断　成虫：雄成虫体长35~40毫米，翅展100~110毫米；雌成虫体长40~45毫米，翅展120~130毫米。休粗大，体被浓厚白色绒毛呈白色；体腹面色浅近褐色。头部、胸部、肩板基部前缘有暗紫色横切带。触角黄色羽状。复眼大，球形黑色。雌翅粉绿色，雄翅色较浅，泛米黄色，基部有白色绒毛；前翅前缘具白、紫、棕黑三色组成的纵带一条，与胸部紫色横带相接，混杂有白色鳞毛；翅的外缘黄褐色；前后翅中室末端各具椭圆形眼斑1个，斑中部有一透明横带，从斑内侧向透明带依次由黑、白、红、黄四色构成；翅脉较明显，灰黄色。后翅臀角长尾状突出，长40毫米左右。足紫红色。卵：球形稍扁，直径约2毫米。灰白色，上有胶状物将卵黏成堆，近孵化时紫褐色。每堆有卵少者几粒，多者二三十粒。幼虫：1~2龄幼虫黑色，第二、三胸节及第五、六腹节橘黄色。3

龄幼虫全体橘黄色。4龄开始渐变嫩绿色。老熟幼虫体长80~110毫米，头部绿褐色，头较小，宽约8毫米；体绿色粗壮，近结茧化蛹时体变为茶褐色。体节近六角形，着生肉状突毛瘤，前胸5个，中、后胸各8个，腹部每节6个，毛瘤上具白色刚毛和褐色短刺；中、后胸及第八腹节背毛瘤大，顶黄基黑，其他处毛瘤端部红色基部棕黑色。气门线以下至腹面浓绿色，腹面黑色。胸足褐色，腹足棕褐色。茧：灰白色，丝质粗糙，长卵圆形，长径50~55毫米，短径25~30毫米，茧外常有寄主叶裹着。蛹：长45~50毫米，紫褐色，额区有1个浅黄色三角斑。

发生规律　在辽宁、河北、河南、山东等北方果产区1年发生2代，在江西南昌可发生3代，在广东、广西、云南发生4代，在树上做茧化蛹越冬。北方果产区越冬蛹4月中旬至5月上旬羽化并产卵，卵历期10~15天。第一代幼虫5月上中旬孵化；幼虫共5龄，历期36~44天；老熟幼虫6月上旬开始化蛹，中旬达盛期，蛹历期15~20天。第一代成虫6月下旬至7月初羽化产卵，卵历期8~9天。第二代幼虫7月上旬孵化，至9月底老熟幼虫结茧化蛹，越冬蛹期6个月。成虫昼伏夜出，有趋光性，一般中午前后至傍晚羽化，羽化前分泌棕色液体溶解茧丝，然后从上端钻出，当天20：00~21：00至翌日2：00~3：00交尾，交尾历时2~3小时。翌日夜晚开始产卵，产卵历期6~9天。单雌产卵260粒左右。雄成虫寿命平均6~7天，雌成虫10~12天，虫体大、笨拙，但飞翔力强。1、2龄幼虫有集群性，较活跃；3龄以后逐渐分散，食量增大，行动迟钝。幼虫老熟后贴枝吐丝缀结多片叶在其内结茧化蛹。第一代茧多数在树枝上结茧，少数在树干下部；而越冬茧基本在树干下部分杈处。天敌有赤眼蜂等，主寄生卵。

防治方法

农业防治　冬春季清除果园枯枝落叶和杂草，摘除越冬虫茧销毁；生长季节人工捕杀幼虫。

物理防治　设置黑光灯诱杀成虫。

生物防治　保护利用天敌，赤眼蜂在室内对卵的寄生率达84%~88%。

化学防治　幼虫3龄前喷药防治效果最佳，4龄后由于虫体增大用药效果差。常用杀虫剂有50%二嗪磷乳油1500倍液、50%辛硫磷乳油2000倍液、25%除虫脲胶悬剂1000倍液或菊酯类杀虫剂等。

⑱ 核桃楸天蚕蛾（图2-18-1至图2-18-7）

属鳞翅目大蚕蛾科。又名栗天蚕、白果蚕、银杏大蚕蛾。

分布与寄主

分布　东北、华北、华东、华中、华南、西南等产区。

寄主　核桃、樱桃、银杏、栗、桃、苹果、梨、李等果树芽、叶。

危害特点　幼虫取食果树的嫩芽和叶片，食叶成缺刻，重者食光叶片。

形态诊断 成虫：体长25~60毫米，翅展90~150毫米，体灰褐色或紫褐色；雌蛾触角栉齿状，雄蛾羽状；前翅内横线紫褐色，外横线暗褐色，两线近后缘处汇合，中间呈三角形浅色区，中室端部具月牙形透明斑；后翅从基部到外横线间具较宽红色区，亚缘线区橙黄色，缘线灰黄色，中室端处生一大眼状斑，斑内侧具白纹；后翅臀角处有一白色月牙形斑。卵：椭圆形，长2.2毫米左右，灰褐色，一端具黑色黑斑。幼虫：末龄幼虫体长80~110毫米；体黄绿色或青蓝色；背线黄绿色，亚背线浅黄色，气门上线青白色，气门线乳白色，气门下线、腹线处深绿色，各体节上具青白色长毛及突起的毛瘤，其上生黑褐色硬毛。蛹：长30~60毫米，污黄至深褐色。茧：长60~80毫米，黄褐色，网状。

发生规律 1年发生1~2代，辽宁、吉林1年发生1代，以卵越冬。翌年5月上旬越冬卵开始孵化，5~6月进入幼虫危害盛期，重者把树上叶片吃光，6月中旬至7月上旬于树冠下部枝叶间缀叶结茧化蛹，8月中下旬羽化、交配和产卵。卵多产在树干下部1~3米处及树杈处，数十粒至百余粒块产。天敌主要有赤眼蜂、黑卵蜂、绒茧蜂、螳螂、蚂蚁等。

防治方法

农业防治 冬春季用硬刷子刷除树皮缝隙中的越冬卵减少越冬虫源。6~7月结合园内管理，人工捕捉幼虫和摘除茧蛹，喂养家禽。

化学防治 掌握雌蛾到树干上产卵、幼虫孵化盛期上树危害之前和幼虫3龄前两个有利时机，喷洒50%马拉硫磷乳油或90%晶体敌百虫1000倍液或10%氯菊酯乳油2000~2500倍液、10%醚菊酯悬浮剂1000~1500倍液、5%氟苯脲乳油1000~2000倍液等。

⑲ 褐点粉灯蛾（图2-19-1，图2-19-2）

属鳞翅目灯蛾蛾。又名粉白灯蛾。

分布与寄主

分布 南方果产区。

寄主 柿、桃、苹果、梨、核桃、梅等果树。

危害特点 幼虫啃食柿树叶片，并吐丝织半透明的网，可将叶片表皮、叶肉啃食殆尽，叶缘成缺刻，受害叶卷曲，色变枯黄、暗红褐色。严重时叶片被吃光。

形态诊断 成虫：体白色；雌蛾体长约20毫米，翅展约56毫米；雄蛾体长约16毫米，翅展约30毫米；成虫头部腹面橘黄色，两边及触角黑色；前翅前缘脉上有4个黑点，内横线、中线、外横线、亚外缘线为一系列灰褐色点；后翅亚外缘线为一系列褐点；腹部背面橘黄色，基部具有一些白毛。卵：圆形，径约0.4毫米，浅红至浅黄色；卵粒常堆集并排列成层。幼虫：体长23~40毫米，头浅玫瑰红色，体深灰色，具黄斑及黄色的背线。体具茶色毛瘤，其上密生黑、白色相间的长刺毛，前胸背板黑色，胸足黑色，腹足与臀足红色。蛹：红褐色，圆筒形。茧：长椭圆形，白色或浅黄色，由幼虫体毛和丝组成，丝质半透明。

发生规律　1年发生1代，以蛹越冬。翌年5月上中旬羽化，成虫昼伏夜出，有趋光性。雌蛾产卵于叶背面，卵块产，呈椭圆形或不规则块状。卵期10～23天，6月上中旬孵化。初龄幼虫在嫩梢与叶间织成半透明的网或用丝连缀叶片，群聚在网下取食，将叶片表皮、叶肉啃食殆尽，叶缘被食成缺刻。叶片被害后，卷曲枯黄直至变为棕褐色。随虫龄增大，食量增加，扩散危害。幼虫老熟后下树在地面落叶下、墙壁缝隙及其他隐蔽处结茧化蛹越冬。天敌有小茧蜂、寄生蝇、白僵菌等。

防治方法

农业防治　冬春季清除园内外枯叶杂草，消灭越冬蛹；产卵期及时摘除有卵叶片。

物理防治　成虫发生期，果园置黑光灯诱杀成虫。

生物防治　保护利用天敌防治。

化学防治　卵孵化期喷洒20%抑食肼可湿性粉剂1500～2000倍液或50%丙硫磷乳油1000倍液、10%醚菊酯乳油或20%氰戊菊酯乳油2000倍液等。

⑳　黄刺蛾（图2-20-1至图2-20-12）

属鳞翅目刺蛾科。又名刺蛾、洋辣子、八角虫、八角罐、羊蜡罐、白刺毛等。

分布与寄主

分布　全国各产区。

寄主　核桃、柿、桃、杏、石榴、苹果等果树。

危害特点　低龄幼虫群集叶背面啃食叶肉，稍大把叶食成网状，随虫龄增大则分散取食，将叶片吃成缺刻，仅留叶柄和叶脉，重者吃光全树叶片。

形态诊断　成虫：体长13～16毫米，翅展30～34毫米；头和胸部黄色，腹背黄褐色；前翅内半部黄色，外半部为褐色，有两条暗褐色斜线，在翅尖上汇合于一点，呈倒"V"字形，内面一条伸到中室下角，为黄色与褐色的分界线。卵：椭圆形，黄绿色。幼虫：体长16～25毫米，头小，胸腹部肥大，呈长方形，似幼儿的娃娃鞋，黄绿色；体背有一两端粗中间细的哑铃形紫褐色大斑，和许多突起枝刺。蛹：椭圆形，长12毫米，黄褐色。茧：灰白色，质地坚硬，茧壳上有几道褐色长短不一的纵纹，形似雀蛋。

发生规律　1年发生2代，以老熟幼虫在树枝上结茧越冬。翌年5月上旬化蛹，5月中下旬至6月上旬羽化，成虫趋光性强，产卵于叶背面，数十粒连成一片；6月中下旬幼虫孵化，初孵幼虫喜群集危害，数头幼虫白天头向内形成环状静伏于叶背。6月下旬至7月上中旬幼虫老熟后，固贴在枝条上，作茧化蛹。7月下旬出现第二代幼虫，危害至9月初结茧越冬。天敌主要有上海青蜂和黑小蜂等。

防治方法

农业防治　冬春季剪除冬茧集中烧毁，消灭越冬幼虫。

生物防治　摘除冬茧时，识别青蜂（冬茧上端有一被寄生蜂产卵时留下的小孔）选出保存，来年放入果园天然繁殖寄杀虫茧。低龄幼虫期每亩用每克含孢子100亿的白僵菌粉0.5~1千克，在雨湿条件下喷雾防治效果好。

化学防治　卵孵化盛期至幼虫危害初期喷洒90%晶体敌百虫或40%马拉硫磷乳油1200倍液、25%灭幼脲悬浮剂1500倍液、20%除虫脲悬浮剂3000~4000倍液、1.8%阿维菌素2000~3000倍液、20%抑食肼可湿性粉剂800~1000倍液、20%虫酰肼悬浮剂1000~1500倍液、2.5%溴氰菊酯乳油3000~4000倍液、10%乙氰菊酯乳油2000倍液等。

㉑　白眉刺蛾（图2-21-1至图2-21-6）

属鳞翅目刺蛾科。又名杨梅刺蛾。

分布与寄主

分布　全国多数产区。

寄主　柿、桃、杏、石榴、核桃、枣等果树。

危害特点　幼虫危害叶片，低龄幼虫啃食叶肉，稍大把叶片食成缺刻或孔洞，重者仅留主脉。

形态诊断　成虫：体长8毫米，翅展16毫米左右，前翅乳白色，端部具浅褐色浓淡不均的云状斑。幼虫：体长7毫米左右，扁椭圆形，绿色，体背部隆起呈龟甲状，头褐色，很小，缩于胸前，体上无明显刺毛，体背生2条黄绿色纵带纹，纹上具小红点。蛹：长4.5毫米，近椭圆形。茧：长5毫米，圆筒形，灰褐色。

发生规律　1年发生2~3代，以老熟幼虫在树杈或叶背结茧越冬。翌年4~5月化蛹，5~6月成虫羽化，7~8月进入幼虫危害期，成虫昼伏夜出，有趋光性。卵块产于叶背，每块有卵8粒左右，卵期7天，低龄幼虫在叶背取食，留下半透明的上表皮，随虫龄增大，把叶食成缺刻或孔洞，重者食完全叶。8月下旬幼虫老熟，结茧越冬。

防治方法

农业防治　冬春季剪除冬茧集中烧毁，消灭越冬幼虫。

生物防治　摘除冬茧时，识别青蜂（冬茧上端有一被寄生蜂产卵时留下的小孔）选出保存，来年放入果园天然繁殖寄杀虫茧。低龄幼虫期每亩用每克含孢子100亿的白僵菌粉0.5～1千克，在雨湿条件下喷雾防治效果好。

化学防治　卵孵化盛期至幼虫危害初期喷洒90%晶体敌百虫或40%马拉硫磷乳油1200倍液、25%灭幼脲悬浮剂1500倍液、20%除虫脲悬浮剂3000～4000倍液、1.8%阿维菌素2000～3000倍液、20%抑食肼可湿性粉剂800～1000倍液、20%虫酰肼悬浮剂1000～1500倍液、2.5%溴氰菊酯乳油3000～4000倍液、10%乙氰菊酯乳油2000倍液等。

22 丽绿刺蛾（图2-22-1至图2-22-9）

属鳞翅目刺蛾科。又名绿刺蛾。

分布与寄主

分布　全国各产区。

寄主　核桃、柿、桃、杏、石榴、苹果、梨、山楂、柑橘等果树和林木。

危害特点　以幼虫蚕食叶片，低龄幼虫群集叶背食叶成网状，重者食净叶肉，仅剩叶柄。

形态诊断　成虫：体长10～17毫米，翅展35～40毫米，触角雄蛾双栉齿状、雌蛾基部丝状；头顶、胸背绿色，腹部灰黄色；前翅绿色，肩角处有1块深褐色尖刀形基斑，外缘具深棕色宽带；后翅浅黄色，外缘带褐色。卵：扁平椭圆形，长约1.5毫米，浅黄绿色。幼虫：体长25～27毫米，初龄时黄色，稍大转为粉绿色；从中胸至第八腹节各有4个瘤状突起，上生有黄色刺毛丛，第一腹节背面的毛瘤各有3～6根红色刺毛；腹部末端有4丛球状黑色刺毛；背中央具暗绿色带3条；两侧有浓蓝色点线。蛹：椭圆形，长约13毫米，黄褐色。茧：椭圆形，长约15毫米，暗褐色坚硬。

发生规律　1年发生2代，以老熟幼虫在树干上结茧越冬。翌年4月下旬至5月上旬化蛹，第一代成虫于5月末至6月上旬羽化，第一代幼虫于6～7月发生；第二代成虫8月中下旬羽化，第二代幼虫于8月下旬至9月发生，至10月上旬在树干上结茧越冬。成虫有强趋光性，卵产于叶背，数十粒成块。初孵幼虫常7～8头群集取食，稍大后分散危害。幼虫体上的刺毛丛含有毒腺，人体皮肤接触后，常因毒液进入皮下而肿胀奇痛，故有"洋辣子"之称。天敌有爪哇刺蛾寄蝇等。

防治方法

农业防治　冬春季清洁果园消灭树枝上的越冬茧。及时摘除初孵幼虫群集危害的叶片消灭之，注意勿使虫体接触皮肤。

化学防治　卵孵化盛期至幼虫危害初期叶面喷洒90%晶体敌百虫或40%马拉硫磷乳油1200倍液、25%灭幼脲悬浮剂1500倍液、20%除虫脲悬浮剂3000～

4000倍液、1.8%阿维菌素2000~3000倍液、20%抑食肼可湿性粉剂800~1000倍液、20%虫酰肼悬浮剂1000~1500倍液、2.5%溴氰菊酯乳油3000~4000倍液、10%乙氰菊酯乳油2000倍液等。

㉓ 青刺蛾（图2-23-1至图2-23-6）

属鳞翅目刺蛾科。又名褐边绿刺蛾、褐缘绿刺蛾、四点刺蛾、曲纹绿刺蛾，幼虫俗称洋辣子。

分布与寄主

分布　全国各产区。

寄主　核桃、柿、山楂、桃、杏、苹果、石榴、柑橘等果树。

危害特点　低龄幼虫取食叶的下表皮和叶肉，留下上表皮，致叶片呈不规则黄色斑块，大龄幼虫食叶成孔洞和缺刻，重者吃光全叶，仅留主脉。

形态诊断　成虫：体长16毫米，翅展38~40毫米；触角雄蛾栉齿状，雌蛾丝状；头、胸、背绿色，胸背中央有一棕色纵线，腹部灰黄色；前翅绿色，基部有暗褐色大斑，外缘为灰黄色宽带；后翅灰黄色。卵：扁椭圆形，长1.5毫米，黄白色。幼虫：体长25~28毫米，初龄黄色，稍大黄绿至绿色，中胸至第八腹节各有4个瘤状突起，上生青色刺毛束，腹末有4个毛瘤丛生蓝黑球状刺毛；背线绿色，两侧有深蓝色点。蛹：椭圆形，长13毫米，黄褐色。茧：椭圆形，长16毫米，暗褐色坚硬。

发生规律　1年发生1~3代，以前蛹于茧内在树干基部浅土层或枝干上越冬。1代区6月上中旬至7月中旬越冬成虫羽化，6月下旬至9月幼虫发生危害，8月危害最重，8月下旬后幼虫陆续结茧越冬。2代区5月中旬越冬代成虫羽化，第一代幼虫6~7月发生，第一代成虫8月中下旬羽化；第二代幼虫8月下旬至10月中旬发生，10月上旬幼虫结茧越冬。成虫昼伏夜出，有趋光性。卵多产于叶背主脉附近，数十粒呈鱼鳞块状排列，卵期7天左右。幼龄群集，稍大后分散。天敌有紫姬蜂和寄生蝇。

防治方法

生物防治　秋冬季摘虫茧，放入细纱笼内，保护和引放寄生蜂。低龄幼虫期每亩用每克含孢子100亿的白僵菌粉0.5~1千克，在雨湿条件下喷雾防治效果好。

农业防治　幼虫群集危害期人工捕杀，注意手不要碰到幼虫毒毛。

物理防治　利用黑光灯诱杀成虫。

化学防治　幼虫发生期及时喷洒90%晶体敌百虫或50%马拉硫磷乳油、50%杀螟硫磷乳油等1000倍液或50%辛硫磷乳油1500倍液、10%联苯菊酯乳油3000倍液、2.5%鱼藤酮300~400倍液等。

㉔ 枣刺蛾（图2-24-1至图2-24-4）

属鳞翅目刺蛾科。又名枣奕刺蛾。

分布与寄主

分布　华北、黄淮、华东等产区。

寄主　枣、柿、梨、苹果、山楂、杏、核桃等果树。

危害特点　低龄幼虫取食叶肉，仅留表皮，虫龄稍大即取食全叶。

形态诊断　成虫：雌成虫翅展29～33毫米，触角丝状；雄成虫翅展28～31.5毫米，触角短双栉齿状。全体褐色，胸背中间鳞毛红褐色；腹部背面各节有似"人"字形的褐红色鳞毛；前翅基部褐色，中部黄褐色，近外缘处有2块似菱形的斑纹彼此连接，靠前一块褐色，后边一块红褐色；后翅灰褐色。卵：椭圆形，长1.2～2.2毫米，鲜黄色。幼虫：体长20～25毫米，淡黄至黄绿色，背面的蓝色斑，连接成近椭圆形斑纹；体背有6对红色长枝刺，其中胸部3对、体中部1对、腹末2对；体两侧各节上有红色短刺毛丛1对。蛹：椭圆形，长12～13毫米，初黄色渐变为褐色。茧：长11～14.5毫米，椭圆形，土灰褐色。

发生规律　1年发生1代，以老熟幼虫在树干根部土内7～9厘米深处结茧越冬。翌年6月下旬成虫羽化，7月上旬幼虫孵化，7月下旬至8月中旬危害重，8月下旬幼虫逐渐老熟，下树入土结茧越冬。成虫昼伏夜出，有趋光性。卵产于叶背成片排列，幼虫孵化后即分散至叶背面危害。

防治方法

农业防治　冬春季深翻园地，利用低温冻害和鸟食消灭土中越冬茧。

生物防治　秋冬季摘虫茧，放入细纱笼内，保护和引放寄生蜂。低龄幼虫期每亩用每克含孢子100亿的白僵菌粉0.5～1千克，在雨湿条件下喷雾防治效果好。

化学防治　卵孵化盛期至幼虫危害初期喷洒90%晶体敌百虫或40%马拉硫磷乳油1200倍液、25%灭幼脲悬浮剂1500倍液、20%除虫脲悬浮剂3000～4000倍液、1.8%阿维菌素2000～3000倍液、20%抑食肼可湿性粉剂800～1000倍液、20%虫酰肼悬浮剂1000～1500倍液、2.5%溴氰菊酯乳油3000～4000倍液、10%乙氰菊酯乳油2000倍液等。

㉕ 樗蚕蛾（图2-25-1至图2-25-6）

鳞翅目大蚕蛾科。又名樗蚕、粕蚕、乌桕樗蚕蛾。

分布与寄主

分布　辽宁、北京、河北、山东、河南、安徽、江苏、上海、浙江、福建、台湾、广东、海南、广西、湖南、湖北、贵州、云南等地。

寄主 石榴、臭椿、乌桕、梨、桃、槐、柳、柑橘、核桃、银杏、马褂木、花椒、蓖麻等。

危害特点 幼虫食叶和嫩芽，轻者食叶成缺刻或孔洞，严重时把叶片吃光。

形态诊断 成虫：体长25～30毫米，翅展110～130毫米。体青褐色。头部四周、颈板前端、前胸后缘、腹部背面、侧线及末端都为白色。腹部背面各节有白色斑纹6对，其中间有断续的白纵线。前翅褐色，前翅顶角后缘呈钝钩状，顶角圆而突出，粉紫色，具有黑色眼状斑，斑的上边为白色弧形。前后翅中央各有一个较大的新月形斑，新月形斑上缘深褐色，中间半透明，下缘土黄色；外侧具一条纵贯全翅的宽带，宽带中间粉红色。外侧白色、内侧深褐色，基角褐色，其边缘有一条白色曲纹。卵：灰白或淡黄白色，上布暗斑点，扁椭圆形，长约1.5毫米。幼虫：幼龄幼虫淡黄色，有黑色斑点，中龄后全体被白粉，青绿色。老熟幼虫体长55～75毫米。体粗大，头部、前胸、中胸对称蓝绿色棘状突起，此突起略向后倾斜。亚背线上的比其他两排更大，突起之间有黑色小点。气门筛淡黄色，围气门片黑色。胸足黄色，腹足青绿色，端部黄色。茧：呈口袋状或橄榄形，长约50毫米，上端开口，用丝缀叶而成，土黄色或灰白色。茧柄长40～130毫米，常以一张寄主的叶包着半边茧。蛹：棕褐色，椭圆形，长26～30毫米，宽14毫米，体上多横皱纹。

发生规律 北方1年发生1～2代，南方1年发生2～3代，以蛹越冬。在四川越冬蛹于4月下旬开始羽化为成虫，成虫有趋光性，并有远距离飞行能力，飞行可达3000米以上。成虫羽化后即进行交配。雌蛾性引诱力甚强。成虫寿命5～10天。卵产在寄主的叶背和叶面上，聚集成堆或块状，每雌产卵300粒左右，卵历期10～15天。初孵幼虫有群集习性，3～4龄后逐渐分散危害。在枝叶上由下而上，昼夜取食，并可迁移。第一代幼虫在5月份危害，幼虫历期30天左右。幼虫脱皮后常将所脱之皮食尽或仅留少许。幼虫老熟后即在树上缀叶结茧，树上无叶时，则下树在地被物上结褐色粗茧化蛹。第二代茧期约50多天。7月底8月初是第一代成虫羽化产卵时间。9～11月为第二代幼虫危害期，以后陆续作茧化蛹越冬，第二代越冬茧，长达5～6个月，蛹藏于厚茧中。

防治方法

农业防治 成虫产卵或幼虫结茧后，人力摘除或直接捕杀，摘下的茧可用于巢丝和榨油。

物理防治 掌握好各代成虫的羽化期，用黑光灯进行诱杀。

生物防治 樗蚕幼虫的天敌有绒茧蜂和喜马拉雅姬蜂、稻苞虫黑瘤姬蜂、樗蚕黑点瘤姬蜂等，注意保护和利用。

化学防治 幼虫危害初期，喷布50%辛硫磷乳油600倍液、5%氯氰菊酯乳剂2000倍液、80%丙硫磷乳油1000倍液、2.5%溴氰菊酯乳油2000倍液、20%甲氰菊酯乳油2000倍液、甲氰菊酯加辛硫磷各半1000倍液，施药后24小时，其防治效果均为100%。也可用20%丙硫磷熏烟剂，每亩0.5~0.7千克，防治幼龄幼虫效果很好。还可用氯菊酯或鱼藤酮等进行防治。

26 茶长卷叶蛾（图2-26-1，图2-26-2）

属鳞翅目卷蛾科。又名茶卷叶蛾、后黄卷叶蛾、褐带长卷蛾、茶淡黄卷叶蛾、柑橘长卷蛾。

分布与寄主

分布　华东、华南、西南各产区。

寄主　核桃、柿、枣、石榴、苹果、柑橘等果树。

危害特点　初孵幼虫缀结叶尖，潜居其中取食上表皮和叶肉，残留下表皮，致卷叶呈枯黄薄膜斑，大龄幼虫食叶成缺刻或孔洞。

形态诊断　成虫：雌体长10毫米，翅展23~30毫米，体浅棕色；触角丝状；前翅近长方形，浅棕色，翅尖深褐色，翅面散生许多深褐色细纹；后翅肉黄色，扇形，前缘、外缘茶褐色。雄体长8毫米，翅展19~23毫米，前翅黄褐色，基部中央、翅尖浓褐色，前缘中央具一黑褐色圆形斑，前缘基部具一浓褐色近椭圆形突出；后翅浅灰褐色。卵：扁平椭圆形，长0.8毫米，浅黄色。幼虫：体长18~26毫米，体黄绿色，头黄褐色，前胸背板近半圆形，褐色，两侧下方各具2个黑褐色椭圆形小角质点，胸足色暗。蛹：长11~13毫米，深褐色。

发生规律　浙江、安徽1年发生4代，以幼虫垫伏在卷苞里越冬。翌年4月下旬成虫羽化产卵。第一代卵期4月下旬至5月上旬，幼虫期在5月中旬至5月下旬，成虫期在6月份。二代卵期在6月，幼虫期6月下旬至7月上旬，成虫期在7月中旬。7月中旬至9月上旬发生第三代。9月上旬至翌年4月发生第四代。成虫昼伏夜出，有趋光性、趋化性，卵多产于老叶正面。初孵幼虫在幼嫩芽叶内吐丝缀结叶尖潜居其中取食，老熟后多离开原虫苞重新缀结2片老叶，在其中化蛹。天敌有松毛虫赤眼蜂、小蜂、茧蜂、寄生蝇等。

防治方法

农业防治　冬季剪除虫枝，清除枯枝落叶和杂草，减少虫源。发生期及时摘除卵块和虫果及卷叶团，集中消灭。

生物防治　在第一、二代成虫产卵期释放松毛虫赤眼蜂，每代放蜂3~4次，5~7天1次，每亩每次放蜂量2.5万头。

化学防治　每代卵孵化盛期喷洒青虫菌，每克含100亿孢子1000倍液，可混入0.3%茶枯或0.2%中性洗衣粉提高防效；或喷洒白僵菌300倍液；90%晶体敌百虫或50%杀螟硫磷乳油1000倍液、2.5%三氟氯氰菊酯乳油2000~3000倍液、10%氯菊酯乳油1500倍液等。

27 白囊蓑蛾（图2-27-1至图2-27-6）

鳞翅目蓑蛾科。又名白囊袋蛾、白蓑蛾、白袋蛾、白避债蛾、棉条蓑蛾、橘白蓑蛾。

分布与寄主

分布　河南、江苏、安徽、上海、浙江、江西、福建、台湾、广东、广西、湖南、湖北、贵州、四川、云南等产区。

寄主　李、杏、石榴、桃、苹果、梨、柿、枣、栗、核桃、柑橘、梅、枇杷、油茶、茶等。

危害特点　幼虫在护囊中咬食叶片、嫩梢或剥食枝干、果实皮层，造成寄主植物光秃。

形态诊断　成虫：雌体长9~16毫米，蛆状，足、翅退化，体黄白色至浅黄褐色微带紫色。头部小，暗黄褐色。触角小，突出；复眼黑色。各胸节及第一、二腹节背面具有光泽的硬皮板，其中央具褐色纵线，体腹面至第七腹节各节中央皆具紫色圆点1个，第三腹节后各节有浅褐色丛毛，腹部肥大，尾端瘦小似锥状。雄体长6~11毫米，翅展18~21毫米，浅褐色，密被白色长毛，尾端褐色，头浅褐色，复眼黑褐色球形，触角暗褐色羽状；翅白色透明，后翅基部有白色长毛。卵：椭圆形，长0.8毫米，浅黄至鲜黄色。幼虫：体长25~30毫米，黄白色，头部橙黄至褐色，上具暗褐色至黑色云状点纹；胸节背面硬皮板褐色，中、后胸分成2块，上有黑色点纹；第八、九腹节背面具褐色大斑，臀板褐色。有胸足和腹足。蛹：黄褐色，雌体长12~16毫米，雄体长8~11毫米。蓑囊：灰白色，长圆锥形，长27~32毫米，丝质紧密，上具纵隆线9条，表面无枝和叶附着。

发生规律　1年发生1代，以低龄幼虫于蓑囊内在枝干上越冬。翌春寄主发芽展叶期幼虫开始危害，6月老熟化蛹。蛹期15~20天。6月下旬至7月羽化，雌虫仍在蓑囊里，雄虫飞来交配，产卵在蓑囊内，每雌产卵千余粒。卵期12~13天。幼虫孵化后爬出蓑囊，爬行或吐丝下垂分散传播，在枝叶上吐丝结蓑囊，常数头在叶上群居食害叶肉，随幼虫生长，蓑囊渐大，幼虫活动时携囊而行，取食时头胸部伸出囊外，受惊扰时缩回囊内，经一段时间取食便转至枝干上越冬。天敌有寄生蝇、姬蜂、白僵菌等。

防治方法

农业防治　结合园艺管理及时摘除蓑囊，碾压或烧毁。

生物防治　注意保护利用天敌。

化学防治　在7月5~20日前后，幼虫2~3龄期，虫囊长1厘米左右，采用90%晶体敌百虫或50%丙硫磷乳油1000倍液或10%醚菊酯乳油1500倍液喷雾，防治效果达95%以上。

28 栗黄枯叶蛾（图2-28-1至图2-28-6）

属鳞翅目枯叶蛾科。又名栎黄枯叶蛾、绿黄枯叶蛾、蓖麻枯叶蛾。

分布与寄主

分布　山西、河北、河南、安徽、江苏、浙江、湖北、湖南、江西、福建、台湾、陕西、甘肃、四川、云南等地。

寄主　板栗、石榴、核桃、海棠、苹果、山楂、柑橘、咖啡等。

危害特点　幼虫食叶成孔洞和缺刻，严重时将叶片吃光，残留叶柄。

形态诊断　成虫：雌体长25~38毫米，翅展60~95毫米，淡黄绿色至橙黄色，头黄褐色杂生褐色短毛；复眼黑褐色；触角短、双栉状。胸背黄色。翅黄绿色，外缘波状，缘毛黑褐色，前翅近三角形，内线黑褐色，外线波状暗褐色，亚端线由8~9个暗褐斑纹组成断续波状横线，后缘基部中室后具1个黄褐色大斑。后翅内、外线黄褐色波状。腹末有暗褐色毛丛。雄较小，黄绿至绿色，翅绿色，外缘线与缘毛黄白色，前翅内、外线深绿色，其内侧有白条纹，亚端线波状黑褐色，中室端有1黑褐色点；后翅内线深绿，外线黑褐色波状。腹末有黄白色毛丛。卵：椭圆形，长0.3毫米，灰白色，卵壳表面具网状花纹。幼虫：体长65~84毫米，雌长毛深黄色，雄长毛灰白色，密生。全体黄色。头部具不规则深褐色斑纹，沿颅中沟两侧各具1黑褐色纵纹。前胸盾中部具黑褐色"X"形纹；前胸前缘两侧各有1较大的黑色瘤突，上生1束黑色长毛。中胸后各体节亚背线，气门上、下线和基线处各生1较小黑色瘤突，上生1簇刚毛。亚背线、气门上线瘤为黑毛，余者为黄白色毛。第三至九腹节背面前缘各具1条中间断裂的黑褐色横带，其两侧各有1黑斜纹。气门黑褐色。蛹：赤褐色，长28~32毫米。茧：长40~75毫米，灰黄色，略呈马鞍形。

发生规律　山西、陕西、河南1年发生1代，南方2代，以卵越冬，寄主发芽后孵化，幼虫群集叶背取食叶肉，受惊扰吐丝下垂，2龄后分散取食，幼虫期80~90天，共7龄，7月开始老熟，于枝干上结茧化蛹。蛹期9~20天，7月下旬至8月羽化，成虫昼伏夜出，有趋光性，于傍晚交尾。卵产在枝、干上，常数十粒排成2行，黏有稀疏黑褐色鳞毛，状如毛虫。单雌产卵200~320粒。2代区，成虫发生于4~5月和6~9月。天敌有蝎敌、多刺孔寄蝇、黑青金小蜂等。

防治方法

农业防治　冬春剪除越冬卵块集中消灭。捕杀群集幼虫。

生物防治　保护利用天敌，控制害虫发生。

化学防治　卵孵化盛期是施药的关键时期，用80%丙硫磷乳油或48%哒嗪硫磷乳油、50%二嗪磷乳油、50%马拉硫磷乳油1000倍液、2.5%溴氰菊酯乳油

3000~3500倍液等叶面喷雾。

29 大蓑蛾（图2-29-1至图2-29-3）

属鳞翅目袋蛾科。又名蓑衣蛾、大袋蛾、避债蛾、布袋蛾、大背袋虫、大窠蓑蛾。

分布与寄主

分布 全国除新疆未见报道外，其他各产区均有发生。

寄主 核桃、石榴、梨、苹果、桃、李、杏、梅、葡萄、柑橘、枇杷、龙眼、茶、无花果等65种以上果木。

危害特点 幼虫食叶。幼虫吐丝缀叶成囊，隐藏其中，头伸出囊外取食叶片及嫩芽，啃食叶肉留下表皮，重者成孔洞、缺刻，直至将叶片吃光。

形态诊断 成虫：雌蛾无翅，体长12~16毫米，蛆状，头甚小，褐色，胸腹部黄白色；胸部弯曲，各节背部有背板，腹部大，在第四至七腹节周围有黄色绒毛。雄蛾有翅，体长11~15毫米，翅展22~30毫米，体和翅深褐色，胸部和腹部密被鳞毛；触角羽状；前翅翅脉两侧色深，在近翅尖处沿外缘有近方形透明斑一个，外缘近中央处又有长方形透明斑一个。卵：椭圆形，长约0.8毫米，豆黄色。幼虫：老熟幼虫体长16~26毫米。头黄褐色，具黑褐色斑纹，胸腹部肉黄色，背面中央色较深，略带紫褐色。胸部背面有褐色纵纹2条，每节纵纹两侧各有褐斑1个。腹部各节背面有黑色突起4个，排列成"八"字形。蛹：雌蛹体长14~18毫米，纺锤形，褐色；雄蛹体长约13毫米，褐色，腹末稍弯曲。护囊：枯枝色，橄榄形，成长幼虫的护囊，雌虫的长约30毫米，雄的长约25毫米，囊系以丝缀结叶片、枝皮碎片及长短不一的枝梗而成，枝梗不整齐地纵列于囊的最外层。

发生规律 黄淮产区1年发生1代，以幼虫在护囊内悬挂于枝上越冬。4月20日至5月25日为越冬幼虫化蛹高峰，5月30日至6月3日为成虫羽化盛期，从成虫羽化到产卵需2~3天，卵历期15~18天，卵孵化盛期在6月20~25日。幼虫孵化后从旧囊内爬出再结新囊，爬行时护囊挂在腹部末端，头胸露在外取食叶片，直至越冬。

防治方法

生物防治 应用大袋蛾多角体病毒（NPV）和苏云金杆菌（Bt）喷洒防治，30天内累计死亡率分别达77.6%~96.7%及82.7%~91%。保护利用天敌大腿小蜂、脊腿姬蜂和寄生蝇等。

农业防治 在幼虫越冬期摘除虫袋，碾压或烧毁。

化学防治 在7月5~20日前后，幼虫2~3龄期，虫囊长1厘米左右，采用90%晶体敌百虫或50%丙硫磷乳油1000倍液喷雾，防治效果达95%以上。

㉚ 山楂叶螨（图2-30-1至图2-30-6）

属蜱螨目叶螨科。又名山楂红蜘蛛。

分布与寄主

分布 全国各产区。

寄主 核桃、梨、苹果、山楂、樱桃、桃、杏、李等果树芽、叶和果。

危害特点 以幼螨、若螨、成螨危害芽、叶、果，常群集在叶片背面的叶脉两侧拉丝结网，在网下刺吸叶片的汁液。被害叶片出现失绿斑点，渐变成黄褐色或红褐色、枯焦乃至脱落。

形态诊断 成螨：雌成螨椭圆形，0.45毫米×0.28毫米，深红色；体背前端稍隆起，后部有横向的表皮纹；刚毛较长；足4对，淡黄色；冬型雌成螨鲜红色，夏型雌成螨深红色。雄成螨体长0.43毫米，末端尖削，浅黄绿至浅绿色，体背两侧各有1个大黑斑。卵：圆球形，浅黄白至橙黄色。幼螨：3对足，体圆形，初黄白色渐变为浅绿色，体背两侧具深绿色斑纹。若螨：4对足，淡绿至浅橙黄色，体背出现刚毛，两侧有黑绿色斑纹，后期可区分雌雄。

发生规律 1年发生6~10代，以受精雌成螨在树皮缝隙内越冬。果树萌芽期，越冬雌成螨开始出蛰，爬到花芽上取食危害，果树落花后，成螨在叶片背面危害，这一代发生期比较整齐，以后各世代重叠。6~7月份高温干旱季节适于叶螨发生，为全年危害高峰期。进入8月份，雨量增多，湿度增大，加上害螨天敌的影响，危害减轻。8月下旬后越冬型雌成螨陆续发生，10月害螨全部越冬。天敌有捕食螨等。

防治方法

农业防治 冬春季刮除树干上的老翘皮，消灭越冬雌成螨。

生物防治 果园内自然天敌种类很多，应尽量减少喷药次数，利用天敌控制害螨发生。

化学防治 防治的关键期在果树萌芽期和第一代若螨发生期（果树落花后）。①发芽前，喷洒3~5波美度的石硫合剂或含油3~5%的柴油乳剂等。②果树萌芽期，喷洒50%硫黄悬浮剂200~400倍液或5%噻螨酮乳油1500倍液等。③若螨发生期喷洒20%四螨嗪悬浮剂或15%哒螨灵乳油2000倍液、1.8%阿维菌素乳油4000倍液等。

㉛ 梨网蝽（图2-31-1至图2-31-4）

属半翅目网蝽科。又名梨花网蝽、梨军配虫。

分布与寄主

分布　全国各产区。

寄主　梨、山楂、樱桃、柿、李、杏、苹果、核桃等。

危害特点　以成虫、若虫在寄主叶片背面刺吸危害，被害叶正面形成苍白斑点，叶片背面因虫所排出的粪便呈黑色油浸状斑。受害严重时全树叶片变黑褐色枯落，影响树势和产量，并诱发煤污病发生。

形态诊断　成虫：体长约3.5毫米，扁平，暗褐色；触角丝状；前胸背板中央纵向隆起，向后延伸如扁板状，盖住小盾片，两侧向外突出呈翼片状；前翅略呈长方形，具黑褐色斑纹，静止时两翅叠起黑褐色斑纹呈"X"状；前胸背板与前胸均半透明，具褐色细网纹。卵：长椭圆形，长约0.6毫米，初产淡绿渐变淡黄色。若虫：共5龄。初孵若虫乳白色，近透明，渐变成深褐色；3龄后有明显的翅芽；老熟若虫头、胸、腹部两侧均有黄褐色刺状突起。

发生规律　北方1年发生3~4代，长江流域1年发生4~5代。均以成虫在枯枝落叶、树皮裂缝、杂草及土、石缝中越冬。翌年4月上旬开始取食危害。产卵于叶片背面靠主脉两侧的叶肉内。卵期约15天，第一代若虫于4月下旬孵化，有群集性，若虫期约15天。成虫、若虫喜群集叶背主脉附近，被害叶面呈现黄白色斑点，叶背和下边叶面上常落有黑褐色带黏性的分泌物和粪便。5月中旬后各虫态同时出现，世代重叠。一年中以7~8月危害最重。高温干旱利其发生。10月中下旬以后，成虫寻找适当处所越冬。

防治方法

农业防治　冬季清除果园内枯枝、落叶、杂草，集中烧毁或深埋，以消灭越冬成虫。

化学防治　重点抓好第一代若虫孵化盛期（4月下旬）的防治，叶面喷洒40%毒死蜱乳油或40%辛硫磷乳油1000倍液；20%氰戊菊酯乳油2500倍液、2.5%氯氟氰菊酯乳油3000倍液、20%抑食肼可湿性粉剂1500~2000倍液、2%阿维菌素乳油4000~6000倍液等。

---

(32)　**大青叶蝉**（图2-32-1至图2-32-5）

属鞘翅目象甲科。又名青叶跳蝉、青叶蝉、大绿浮尘子、桑浮尘子。

分布与寄主

分布　全国各产区。

寄主　柿、核桃、苹果、桃、葡萄、枣、板栗、樱桃、山楂、柑橘等果树。

危害特点　以成虫和若虫刺吸芽、叶汁液，致叶褪色、畸形、卷缩甚至枯死，并可传播病毒病。

形态诊断 成虫：体长7~10毫米，雄较雌略小，青绿色；头橙黄色，左右各具一小黑斑，眼红色；前翅革质绿色微带青蓝，端部色淡近半透明；前翅反面、后翅和腹背均黑色，腹部两侧和腹面橙黄色。卵：长卵圆形，长约1.6毫米，乳白至黄白色。若虫：与成虫相似，共5龄，初龄灰白色；2龄淡灰微带黄绿色；3龄灰黄绿色，胸腹背面有4条褐色纵纹，出现翅芽；4、5龄同3龄，老熟时体长6~8毫米。

发生规律 北方1年发生3代，以卵在树木枝条表皮下越冬。4月孵化，于杂草、农作物及花卉上危害，若虫期30~50天。各代发生期大体为：第一代4月上旬至7月上旬，成虫5月下旬出现；第二代6月上旬至8月中旬，成虫7月出现；第三代7月中旬至11月中旬，成虫9月出现。世代重叠严重。成虫夏季趋光性强，晚秋不明显。产卵于茎秆、叶柄、主脉、枝条等组织内，每处产卵6~12粒，排列整齐，表皮成肾形凸起。非越冬卵期9~15天，越冬卵期5个月以上。春季主要危害花卉及杂草等植物，9、10月则集中于秋季花卉及其他植物上危害，10月中下旬第三代成虫陆续转移到果树、木本花卉和林木上危害并产卵于枝条内，直至秋后，以卵越冬。

防治方法

农业防治 彻底清除园内外杂草，减少叶蝉生活场所；发现产卵虫枝及时剪除销毁；夏季灯光诱杀第二代成虫，减少三代的发生。

化学防治 成虫、若虫危害期，喷洒90%晶体敌百虫1000倍液或2.5%溴氰菊酯乳油2000~3000倍液、10%吡虫啉可湿性粉剂3000倍液、52.25%蝉·氯乳油1500倍液；2%异丙威粉剂每亩2千克等。

㉝ 蜗牛（图2-33-1，图2-33-2）

属腹足纲柄眼目巴蜗牛科。同型巴蜗牛。又名水牛。

分布与寄主

分布 黄河流域、长江流域及华南各地。

寄主 石榴、核桃、草莓、柑橘、金橘及多种蔬菜、花卉。

危害特点 初孵幼螺只取食叶肉，留下表皮，稍大个体则用齿舌将叶、茎舐磨成小孔或将其吃断。

形态诊断 贝壳中等大小，壳质厚，坚实，呈扁球形。壳高12毫米、宽16毫米，有5~6个螺层，顶部几个螺层略膨胀，螺旋部低矮，体螺层增长迅速、膨大。壳顶钝，缝合线深。壳面呈黄褐色或红褐色，有稠密而细致的生长线。体螺层周缘或缝合线处常有一条暗褐色带（有些个体无）。壳口呈马蹄形，口缘锋利，轴缘外折，遮盖部分脐孔。脐孔小而深，呈洞穴状。个体之间形态变异较大。卵：圆球形，直径2毫米，初产时乳白色有光泽，渐变淡黄色，近孵化时为土黄色。

发生规律 是我国常见的危害果树的陆生软体动物之一，常与灰巴蜗牛混杂发生。生活于潮湿的灌木丛、草丛中、田埂上、乱石堆里、枯枝落叶下、植物根际土块和土缝中以及温室、菜窖、畜圈附近的阴暗潮湿、多腐殖质的环境，适应性极广。1年繁殖1代，多在4~5月间产卵，大多产在根际疏松湿润的土中、缝隙中、枯叶或石块下。每个成体可产卵30~235粒。成螺大多蛰伏在落叶、花盆、土块砖块下、土隙中越冬。

防治方法

农业防治 清晨或阴雨天人工捕捉，集中杀灭。用茶子饼粉撒施于树干基部土壤表面，然后用铁钯搂钯地面，使饼土掺匀，可抑制蜗牛的发生。

化学防治 每亩用8%灭蜗灵颗粒剂1.5~2千克，碾碎后拌细土5~7千克，或10%多聚乙醛颗粒剂500克，于天气温暖、土表干燥的傍晚撒在受害株根部行间；或喷洒80.3%硫酸铜·速灭威可湿性粉剂170倍液，每亩药量200克。

34 舟形毛虫（图2-34-1至图2-34-7）

属鳞翅目舟蛾科。又名苹掌舟蛾、苹果天社蛾、黑纹天社蛾、举尾毛虫、举肢毛虫、秋黏虫、苹天社蛾、苹黄天社蛾等。

分布与寄主

分布 全国各产区。

寄主 苹果、山楂、核桃、樱桃、梨、杏、桃、李、板栗、枇杷等果树和林木。

危害特点 初龄幼虫啃食叶肉，仅留表皮，呈箩底状，稍大后把叶食成缺刻或仅残留叶柄，严重时把叶片吃光，造成二次开花。

形态诊断 成虫：体长22~25毫米，翅展49~52毫米，头胸部淡黄白色，腹背雄蛾浅黄褐色，雌蛾土黄色，末端均淡黄色；触角丝状；前翅银白色，在近基部生1长圆形斑，外缘有6个椭圆形斑，横列成带状，各斑内端灰黑色，外端茶褐色，中间有黄色弧线隔开；翅中部有淡黄色波浪状线4条；后翅浅黄白色，近外缘处生一褐色横带。卵：球形，直径约1毫米，初淡绿渐变灰色。幼虫：体长55毫米左右，被灰黄长毛；头、前胸、臀板、足均黑色，胴部紫黑色，体侧具3条紫红色线，并具多个淡黄色的长毛簇。蛹：长20~23毫米，暗红褐色至黑紫色，腹末有臀棘6根。

发生规律 1年发生1代，以蛹在树冠下土中越冬，翌年7月羽化，成虫昼伏夜出，趋光性强。卵多产在树体东北面的中下部枝条的叶背，数十粒或百余粒集成块。卵期6~13天。低龄幼虫傍晚至早晨或阴天群集叶面，头向叶缘排列成行，由叶缘向内啃食。低龄幼虫遇惊扰或震动时，成群吐丝下垂。稍大后分散取食，白天多栖息在叶柄或枝条上，头尾翘起，状似小舟，故称舟形毛虫。幼虫期31天左右，成龄后食量大，常把叶片吃光。幼虫老熟后下树入土化蛹越冬。

防治方法

农业防治　冬春季翻耕树盘，利用低温和鸟食消灭越冬蛹；在幼虫分散危害前，及时剪除幼虫群居的枝叶烧毁；利用幼虫吐丝下垂的习性，人工震落捕杀幼虫。

生物防治　在卵发生期的7月中下旬释放松毛虫赤眼蜂，卵被寄生率可达95%以上，灭卵效果好。也可在幼虫期喷洒每克含300亿孢子的青虫菌粉剂1000倍液。

物理防治　成虫发生期利用黑光灯诱杀成虫。

化学防治　卵孵化前后和幼虫分散危害前是树上施药的关键期。可喷洒48%毒死蜱乳油或40%乙酰甲胺磷乳油、50%杀螟硫磷乳油1000~1200倍液；90%晶体敌百虫800倍液、20%戊菊酯乳油1500~2000倍液、10%醚菊酯乳油800~1000倍液；25%灭幼脲悬浮剂1500倍液、3%啶虫脒乳油2000倍液等。

㉟ 杨枯叶蛾 （图2-35-1至图2-35-4）

属鳞翅目枯叶蛾科。又名柳星枯叶蛾、柳毛虫、柳枯叶蛾。

分布与寄主

分布　全国各地。

寄主　樱桃、核桃、桃、李、杏、苹果等果树。

危害特点　幼虫食芽和叶片，食叶成孔洞或缺刻，严重时将叶片吃光仅留叶柄。

形态诊断　成虫：体长25~40毫米，翅展40~85毫米，雄较小；全体黄褐色，腹面色浅，头胸背中央具暗色纵线一条；触角双栉齿状；前翅窄，外缘和内缘波状弧形，翅上具5条黑色波状横线，近中室端具一黑色肾形小斑；后翅宽短，外缘波状弧形，翅上有黑横线3条。卵：白色近球形，长约1.5毫米。幼虫：体长85~100毫米，灰绿或灰褐色，生有灰长毛，腹部两侧生灰黑毛丛；中、后胸背面后缘各具一黑色刷状毛簇，中胸者大且明显；第八腹节背面中央具一黑瘤突，上生长毛；体背具黑色纵斜纹，体腹面浅黄褐色；胸、腹足俱全。蛹：椭圆形，长33~40毫米，浅黄至黄褐色。茧：长椭圆形，40~55毫米，灰白色略带黄褐，丝质。

发生规律　东北、华北1年发生1代，华东、华中2代，均以低龄幼虫于枝干或枯叶中越冬，翌春活动，于夜晚取食嫩芽或叶片，幼虫老熟后吐丝缀叶于内结茧化蛹。1代区成虫6~7月发生，2代区5~6月和8~9月发生。成虫昼伏夜出，有趋光性，静止时似枯叶。成虫产卵于枝干或叶上，几粒或几十粒单层或双层块状。幼虫孵化后分散危害，1代区幼虫发育至2～3龄，体长30毫米左右时停止取食，爬至枝干皮缝、树洞或枯叶中越冬。2代区一代幼虫30～40天老熟结茧化蛹，羽化后继续繁殖；二代幼虫达2～3龄即越冬。一般10月陆续进入越冬状态。

防治方法

农业防治　结合冬春树体管理捕杀幼虫。

物理防治　成虫发生期利用黑光灯或高压汞灯诱杀成虫。

化学防治　幼虫出蛰后及时施药防治，可喷洒25%喹硫磷乳油或50%杀螟硫磷乳油、48%哒嗪硫磷乳油、50%马拉硫磷乳油1000倍液，或52.25%蜱·氯乳油1500倍液、10%氯菊酯乳油2000～2500倍液、20%辛·氰乳油1500倍液等。

36　李枯叶蛾（图2-36-1至图2-36-6）

属鳞翅目枯叶蛾科。又名枯叶蛾、苹叶大枯叶蛾、贴皮虫。

分布与寄主

分布　全国各产区。

寄主　核桃、桃、樱桃、李、梨、苹果等果树。

危害特点　幼虫食害嫩芽和叶片，食叶成孔洞或缺刻，重者吃光叶片仅留叶柄。

形态诊断　成虫：体长30～45毫米，翅展60～90毫米，雄较雌略小，全体赤褐至茶褐色，头中央有一条黑色纵纹；触角双栉齿状；前翅外缘和后缘略呈锯齿状，前缘色较深，翅上有3条波状黑褐色带蓝色荧光的横线，近中室端有一黑褐色斑点，缘毛蓝褐色；后翅短宽，外缘呈锯齿状，前缘橙黄色，翅上有2条蓝褐色波状横线，缘毛蓝褐色。卵：近圆形，直径1.5毫米，绿至绿褐色，带白色轮纹。幼虫：体长90～105毫米，暗褐至灰色，头黑色；各体节背面有2个红褐色斑纹；中后胸背面各有一明显的黑蓝色横毛丛；第八腹节背面有一角状小突起，上生刚毛；各体节生有毛瘤，上丛生黄和黑色长、短毛。蛹：长30～45毫米，黄褐至黑褐色。茧：长椭圆形，长50～60毫米，丝质、暗褐至暗灰色，茧上附有幼虫体毛。

发生规律　东北、华北1年发生1代，河南2代，均以低龄幼虫在干枝皮缝中越冬。翌春寄主发芽后出蛰食害嫩芽和叶片，白天静伏，夜晚取食，常将叶片吃光仅残留叶柄；老熟后多于枝条下侧结茧化蛹。1代区成虫6月下旬至7月发生。2代区成虫5月下旬至6月、8月中旬至9月发生。成虫昼伏夜出，有趋光性。卵常数粒或散产于枝条上。幼虫孵化后分散危害，1代区幼虫达2～3龄、体长20～30毫米时，便于枝干皮缝中越冬；2代区一代幼虫历期30～40天，结茧化蛹、羽化繁殖，第二代幼虫达2～3龄时进入越冬状态。幼虫体扁，体色与树皮相似故不易发现。

防治方法

农业防治 冬春季结合树体管理捕杀幼虫。

物理防治 利用黑光灯或高压汞灯诱杀成虫。

化学防治 卵孵化前后至幼虫3龄前为防治的关键期，叶面喷洒52.25%蜱·氯乳油2000倍液、25%喹硫磷乳油或50%杀螟硫磷乳油、50%马拉硫磷乳油1500倍液、50%辛·溴乳油或20%菊·马乳油2000倍液、2.5%三氟氯氰菊酯乳油或2.5%溴氰菊酯乳油3000倍液、10%联苯菊酯乳油4000倍液等。

37 桃剑纹夜蛾（图2-37-1至图2-37-3）

属鳞翅目夜蛾科。又名苹果剑纹夜蛾。

分布与寄主

分布 全国各产区。

寄主 苹果、桃、樱桃、杏、山楂、梨、李、核桃等果树。

危害特点 幼龄幼虫群集叶背危害，取食上表皮和叶肉，仅留下表皮和叶脉，受害叶呈网状，幼虫稍大后将叶片食成缺刻或孔洞，并啃食果皮，果面上出现不规则的坑洼。

形态诊断 成虫：体长17~22毫米，翅展40~48毫米，体表被较长的鳞毛，体、翅灰褐色；前翅有3条与翅脉平行的黑色剑状纹，基部的1条呈树枝状，端部2条平行，外缘有1列黑点；触角丝状暗褐色；后翅灰白色，翅脉淡褐色；腹面灰白色，雄腹末分叉，雌较尖。卵：半球形，直径1.2毫米，白至污白色。幼虫：老熟幼虫体长38~40毫米，头红棕色布黑色斑纹，其余部分灰色略带粉红；体背有1条橙黄色纵带，纵带两侧每节各有2个黑色毛瘤，其上着生黑褐色长毛，毛端黄白稍弯；第一腹节背面中央有1黑色柱状突起；胸足黑色，腹足俱全暗灰褐色。蛹：长约20毫米，棕褐色有光泽。

发生规律 1年发生2代，以茧蛹在土中或树皮缝中越冬。成虫于翌年5~6月间羽化。成虫昼伏夜出，有趋光性和趋化性，产卵于叶面。5月中下旬发生第一代幼虫，危害至6月下旬，吐丝缀叶，在其中结白色薄茧化蛹，第一代成虫于7月下旬至8月下旬发生。第二代幼虫于7月下旬至8月上中旬发生，9月中旬后化蛹越冬。天敌有桥夜蛾绒茧蜂等

防治方法

农业防治 冬春翻树盘，消灭在土中越冬的蛹。

物理防治 成虫发生期设置糖醋液盆和黑光灯，诱杀成虫。

化学防治 幼虫发生期喷洒90%晶体敌百虫1000倍液或20%杀螟硫磷乳油2000倍液、20%甲氰菊酯乳油2000倍液、2.5%溴氰菊酯乳油3000倍液等。

38 蓝目天蛾（图2-38-1，图2-38-2）

属鳞翅目天蛾科。又名柳天蛾、柳目天蛾、柳蓝目天蛾。

分布与寄主

分布　除新疆、西藏未见报道外，其他各产区均有分布。

寄主　桃、樱桃、核桃、梅、苹果、葡萄等果树。

危害特点　低龄幼虫食叶成缺刻或孔洞，稍大常将叶片吃光，残留叶柄。

形态诊断　成虫：体长25～27毫米，翅展66～106毫米，体灰黄色，胸背中央具褐色纵宽带；触角栉状黄褐色；前翅外缘波状，翅基1/3色浅、穿过褐色内线向臀角突伸1长角，末端有黑纹相接，中室端具新月形带褐边的白斑，外缘顶角至中后部有近三角形大褐色斑1个；后翅浅黄褐色，中部具灰蓝或蓝色眼状大斑1个，周围青白色，外围黑色，其上缘粉红至红色。卵：椭圆形，长1.7毫米，绿色有光泽。幼虫：体长60～90毫米，黄绿或绿色，体表密布黄白色小颗粒，头顶尖，三角形，口器褐色；胸部两侧各具由黄白色颗粒构成的纵线1条；第一至第七腹节两侧具斜线；第八腹节背面中部具1密布黑色小颗粒的尾角，胸足红褐色。蛹：长35毫米左右，黑褐色，臀棘锥状。

发生规律　东北、华北1年发生2代，河南3代，均以蛹在土中越冬。2代区越冬蛹5月上旬至6月上旬羽化，交尾产卵，卵期约20天，第1代幼虫6月发生，7月老熟入土化蛹，蛹期20天左右，7月下旬至8月下旬羽化；第2代幼虫8月始发，9月老熟幼虫入土化蛹越冬。成虫昼伏夜出，具趋光性，卵多产于叶背，每雌可产卵300～400粒。幼虫在叶背或枝条上栖息，老熟后下树入土化蛹。天敌有小茧蜂等。

防治方法

农业防治　秋后至早春耕翻土壤，以消灭越冬蛹。幼虫发生期人工捕杀幼虫。

物理防治　成虫发生期黑光灯诱杀成虫。

化学防治　卵孵化盛期喷洒90%晶体敌百虫1000倍液或20%虫酰肼悬浮剂或50%杀螟硫磷乳油1500倍液、20%氰戊菊酯乳油2000～3000倍液、20%甲氰菊酯乳油2000倍液、2.5%三氟氯氰菊酯乳油或10%联苯菊酯乳油2000～2500倍液等。

39 舞毒蛾（图2-39-1至图2-39-4）

属鳞翅目毒蛾科。又名柿毛虫、松针黄毒蛾、秋千毛虫。

分布与寄主

分布　全国各产区。

寄主　柿、核桃、苹果、柑橘等500余种植物。

危害特点　初孵幼虫群栖危害，稍大后分散危害，白天潜藏在树皮缝、枝杈、树下杂草等多种隐蔽场所，傍晚上树。幼虫蚕食叶片，严重时整树叶片被吃光。

形态诊断　成虫：雄虫体长18～20毫米，翅展45～47毫米，暗褐色；头黄褐色，触角羽状褐色；前翅外缘色深呈带状，翅面上有4～5条深褐色波状横线，中室中央有一黑褐色圆斑，中室端横脉上有一黑褐色"<"形斑纹，外缘脉间有7～8个黑点；后翅色较淡，外缘色较浓成带状。雌虫体长25～28毫米，翅展70～75毫米，污白微黄色；触角黑色短羽状，前翅上的横线与斑纹同雄虫相似，暗褐色；后翅近外缘有1条褐色波状横线；外缘脉间有7个暗褐色点；腹部肥大，末端密生黄褐色鳞毛。卵：卵圆形，0.9～1.3毫米，黄褐至灰褐色。幼虫：体长50～70毫米，头黄褐色，正面有"八"字形斑纹；胴部背面灰黑色，背线黄褐，腹面带暗红色，胸、腹足暗红色；各体节各有6个毛瘤横列，背面中央的一对色艳，上生棕黑色短毛，两侧的毛瘤上生黄白与黑色长毛一束。蛹：长19～24毫米，红褐至黑褐色。

发生规律　1年发生1代，以卵块在树体上、树下砖石块等处越冬。寄主发芽时孵化，初龄幼虫日间多群栖，夜间取食，受惊扰时丝下垂借风力扩散，故称秋千毛虫。稍大后分散取食，白天栖息在树杈、皮缝或树下土石缝中，傍晚成群上树取食。幼虫期50～60天，6月中下旬陆续老熟吐到隐蔽处结薄茧化蛹，蛹期10～15天。7月成虫大量羽化。成虫有趋光性，雄蛾白天在枝叶间飞舞；雌体大、笨重，很少飞行，常在化蛹处附近产卵，在树上多产于枝干的阴面，卵400～500粒成块，形状不规则，上覆雌蛾腹末的黄褐色鳞毛。天敌主要有舞毒蛾黑瘤姬蜂、喜马拉雅聚瘤姬蜂、脊腿匙宗瘤姬蜂、舞毒蛾卵平腹小蜂、梳胫饰腹寄蝇、毛虫追寄蝇、隔脑狭颊寄蝇等。

防治方法

农业防治　冬春季清理树下砖石、土块，消灭越冬卵。幼虫发生期利用幼虫白天下树潜伏习性，在树干基部堆砖石瓦块，诱集捕杀幼虫。

生物防治　保护和利用天敌防治。

化学防治　①在幼虫孵化盛期和分散危害前，喷洒90%晶体敌百虫或50%杀螟硫磷乳油、50%辛硫磷乳油、90%杀螟丹可湿性粉剂1000倍液、2.5%溴氰菊酯乳油或20%氰戊菊酯乳油、1.8%阿维菌素乳油、10%联苯菊酯乳油3000倍液、52.25%蚜·氯乳油1500～2000倍液。②于傍晚幼虫上树前，在树干上喷洒高效低毒低残留的触杀剂或在树干上涂50～60厘米宽的药带，毒杀幼虫。

40 铜绿金龟（图2-40-1至图2-40-3）

属鞘翅目丽金龟科。又名铜绿丽金龟、淡绿金龟子、青金龟子，俗称铜克郎、金克郎、瞎碰等。

分布与寄主

分布　全国除新疆、西藏、青海等少数产区未见报道外，其他产区均有分布。

寄主　梨、山楂、核桃、樱桃、板栗、杏、石榴、苹果、葡萄、柑橘等果树。

危害特点　成虫食害叶、芽及花器，食叶成孔洞或缺刻，顶芽被害后，主茎停止生长；花器受害易脱落。幼虫危害地下组织。

形态诊断　成虫：体长15～18毫米，宽8～10毫米，体铜绿色；头部较大，深铜绿色；触角9节鳃叶状；前胸背板发达闪光绿色；鞘翅为黄铜绿色，有光泽，并有不甚明显隆起带；胸部腹板黄褐色有细毛；腹部米黄色，雌虫腹面乳白色。卵：椭圆形，2.3毫米×2.2毫米，乳白色。幼虫：体长32毫米左右，头黄褐色，体乳白色，通称"蛴螬"。蛹：体长22～25毫米，淡黄色。

发生规律　1年发生1代，以幼虫在土内越冬。翌春3月上到表土层，5月化蛹，6月上旬至7月中旬成虫危害盛期，危害期40天左右。6月下旬至7月中旬产卵，卵多散产在4～14厘米土层中，卵期7～13天，6月中旬至7月下旬幼虫孵化，危害至深秋下移至深土层越冬。成虫昼伏夜出，飞翔力强，有较强的趋光性和假死性，晚上交尾产卵食叶危害，白天潜伏土中，喜欢栖息在深度7厘米左右、疏松潮湿的土壤里。幼虫在土壤中钻蛀，危害地下根部。

防治方法

农业防治　冬前耕翻园地，利用冰冻、日晒、鸟食消灭越冬幼虫。成虫发生期于傍晚摇动树枝，下铺布单或塑料薄膜震落成虫捕杀之。

物理防治　用黑光灯诱杀。

化学防治　基肥里全面喷洒50%辛硫磷乳油或20%辛·阿乳油、20%甲氰菊酯乳油1000～1500倍液等，搅拌混匀，触杀幼虫。成虫发生危害期，叶面喷洒15%辛·阿乳油或90%晶体敌百虫800～1000倍液、10%氯氰菊酯乳油1500～2000倍液、5%顺式氰戊菊酯乳油2000～3000倍液等触杀成虫。

41 苹毛丽金龟（图2-41-1至图2-41-4）

鞘翅目丽金龟科。又名苹毛金龟子、长毛金龟子。

分布与寄主

分布 黑龙江、吉林、辽宁、内蒙古、宁夏、甘肃、青海、陕西、山西、北京、河北、河南、山东、安徽、江苏、上海、浙江、重庆、四川等地。

寄主 苹果、石榴、梨、核桃、桃、李、杏、葡萄、山楂、板栗、草莓、黑莓、海棠等。

危害特点 成虫食害嫩叶、芽及花器；幼虫危害地下组织。

形态诊断 成虫：体长8.9~12.5毫米，宽5.5~7.5毫米。卵圆至长圆形，除鞘翅和小盾片外，全体密被黄白色绒毛。头胸部古铜色，有光泽；鞘翅茶褐色，具淡绿色光泽，上有纵列成行的细小点刻。触角鳃叶状9节，棒状部3节。从鞘翅上可透视出后翅折叠成"V"字形。腹部末端露出鞘翅。卵：椭圆形，长1.5毫米，初乳白后变为米黄色。幼虫：体长约15毫米，头黄褐色，头部前顶刚毛每侧7~8根，呈1纵列，后顶刚毛每侧10~11根，呈簇状，额中侧毛每侧2根，较长。臀节肛腹片覆毛区中央具2列刺毛，相距较远，每列前段由短锥状刺毛6~12根组成，后段为长针状刺毛6~10根，排列整齐。蛹：长卵圆形，长12.5~13.8毫米，宽5.5~6.0毫米，初黄白后变黄褐色。

发生规律 1年发生1代，以成虫在土中越冬。翌春3月下旬开始出土活动，主要危害蕾花，4月中旬至5月上旬危害最盛；成虫发生期40~50天，于5月中下旬成虫活动停止。4月中旬开始产卵，产卵盛期为4月下旬至5月上旬，卵期20~30天，幼虫期60~80天。幼虫发生盛期为5月底至6月初。7月底开始化蛹，化蛹盛期为8月中下旬。9月中旬开始羽化，羽化盛期为9月中旬，羽化后的成虫不出土，即在土中越冬。成虫具假死性，无趋光性，当平均气温达20℃以上时，成虫在树上过夜；温度较低时潜入土中过夜。成虫最喜食花器，故随寄主现蕾、开花早迟而转移危害，一般先危害杏、桃，后转至梨、苹果及石榴上危害。卵多产于9~25厘米土层中，并多选择土质疏松且植被稀疏的场所产卵，单雌产卵8~56粒，一般20余粒。天敌有：红尾伯劳、灰山椒鸟、黄鹂等益鸟和朝鲜小庭虎甲、深山虎甲、粗尾拟地甲及寄生蜂、寄生蝇、寄生菌等。

防治方法 此虫虫源来自多方面，特别是荒地虫量最多，故应以消灭成虫为主。

农业防治 早、晚张网震落成虫，捕杀之。

生物防治 保护利用天敌。

化学防治 ①地面使药，控制潜土成虫。常用药剂有5%辛硫磷颗粒剂每亩3千克撒施、50%辛硫磷乳油每亩0.3~0.4千克加细土30~40千克拌匀成毒土撒施、稀释500~600倍液均匀喷于地面。使用辛硫磷后应及时浅耙，提高防效。②树上使药。于果树接近开花前，结合防治其他害虫喷洒52.25%蜱·氯乳油或50%二嗪磷乳油或45%马拉硫磷乳油或48%哒嗪硫磷乳油1500倍液或2.5%溴氰菊酯乳油2000~3000倍液等。

42 云斑鳃金龟（图2-42-1至图2-42-3）

属鞘翅目金龟科。又名大云鳃金龟、石纹金龟子、大理石须金龟、大理石须云斑鳃金龟等。

分布与寄主

分布　除西藏、新疆未见报道外，其他各地均有分布。

寄主　核桃、苹果、梨、杏、桃、樱桃等果树。

危害特点　成虫食害芽和叶片，幼虫危害果树苗木的根，食性很杂。

形态诊断　成虫：长椭圆形，背面隆拱，体长28~41毫米，宽14~21毫米，体紫黑色或栗黑至褐色等，上覆各式白色或乳白色鳞片组成的云斑状白斑，斑间多零星鳞片并散布小刻点，白色鳞片群集点缀如云斑，触角鳃片状，故名云斑鳃金龟。卵：椭圆形，3.5~4毫米×2.5~3毫米，乳白色。幼虫：俗称"蛴螬"，体长60~70毫米，头宽9.8~10.5毫米，体乳白色，头部黄褐色，臀节腹面刺毛列由10~12根短锥状刺毛组成，排列整齐。蛹：体长49~53毫米，初乳白渐变棕褐色或黑褐色。

发生规律　3~4年1代，以幼虫在20~50厘米深土层中越冬。翌年5月上升到10~20厘米浅土层中危害，老熟幼虫于5月下旬在土中筑蛹室化蛹。蛹期15天，6月中旬成虫始羽化出土上树，7月羽化盛期。成虫昼伏夜出。雄成虫趋光性强，能发出"吱吱"鸣声，其作用是引诱雌虫进行交配。成虫产卵历期20~25天，卵散产在未腐熟的农家肥中或10~30厘米土层中，卵期约20天，幼虫期1360天。幼虫喜欢生活在沙土和砂壤土及未腐熟的农家肥中，危害植物地下幼根。果树幼苗根部受害重。

防治方法

农业防治　重点是抓好幼虫的防治，春秋季园内外土地深耕，并随犁拾虫消灭；避免施用未腐熟的农家肥，减少虫产卵；在发生严重果园，合理控制灌溉，促使幼虫向土层深处转移，避开果树苗木最易受害时期。

物理防治　利用黑光灯诱杀雄成虫。

化学防治　①土壤处理。用50%辛硫磷乳油每亩200~250克，加水10倍喷于25~30千克细土上拌匀成毒土或用10%辛硫磷颗粒剂1.5~2.5千克加细土拌匀，撒于地面，随即耕翻。②农家肥处理。按5立方米农家肥均匀拌入5%辛硫磷颗粒剂2.5~3千克的比例处理农家肥，可大量杀死其中的幼虫。③树上施药。成虫发生期叶面喷洒52.25%蜱·氯乳油或50%杀螟硫磷乳油、45%马拉硫磷乳油1500倍液、48%毒死蜱乳油或20%甲氰菊酯乳油1500~2000倍液等。

43　康氏粉蚧（图2-43-1至图2-43-4）

属同翅目粉蚧科。又名梨粉蚧、李粉蚧、桑粉蚧。

分布与寄主

分布　全国各产区。

寄主　樱桃、核桃、柿、枣、石榴、苹果、梨、桃、柑橘等果树。

危害特点　成虫、若虫刺吸植物的幼芽、嫩枝、叶片、果实和根部的汁液；嫩枝和根部受害常肿胀且易纵裂而枯死；幼果受害多成畸形果。排泄物常引发煤污病的发生，影响光合作用。

形态诊断　成虫：雌体长3～5毫米，扁平椭圆形，体粉红色，表面被有白色蜡质物，体缘具有17对白色蜡丝，体前端的蜡丝较短，后端稍长，而最末一对特长，几乎与体长相等；雄成虫体长约1毫米，紫褐色，翅透明仅1对，翅展约2毫米，后翅退化成平衡棒。卵：椭圆形，长约0.3毫米，浅橙黄色。若虫：体扁平椭圆形，长约0.4毫米，淡黄色，外形似雌成虫。蛹：仅雄虫有蛹期，浅紫色。

发生规律　黄淮地区1年发生3代。以卵在树干、枝条粗皮缝隙或石缝土块中以及其他隐蔽场所越冬。翌年春果树发芽时，越冬卵孵化成若虫开始危害幼嫩部分。第一代若虫发生在5月中下旬，第二代若虫发生在7月中下旬，第三代在8月下旬。雌成虫在枝干粗皮裂缝内或果实萼筒柄洼等处产卵，有的将卵产在土内。在产卵时，雌成虫分泌大量似絮状蜡质卵囊，卵即产在卵囊内，数十粒集中成块。天敌有草蛉、瓢虫等。

防治方法

农业防治　在晚秋树干束草或绑扎破麻袋，诱雌成虫产卵，翌年春卵孵化之前将草束等物取下烧毁。冬春季刮树皮或用硬毛刷子刷除越冬卵，集中烧毁或深埋。

生物防治　有条件的地区可人工饲养和释放捕食性草蛉、瓢虫等天敌。

化学防治　早春喷施5%轻柴油乳剂或3～5波美度的石硫合剂；在各代若虫孵化期喷洒5%氟虫脲乳油1200倍液或90%晶体敌百虫1500倍液、50%杀螟硫磷乳油或10%醚菊酯乳油1000倍液。

44　草履蚧（图2-44-1至图2-44-10）

属同翅目绵蚧科。又名柿草履蚧、草履硕蚧、草鞋介壳虫。

分布与寄主

分布　全国各产区。

寄主　山楂、核桃、柿、桃、樱桃、杏、石榴、苹果、柑橘等果树。

危害特点　若虫和雌成虫刺吸嫩枝芽、叶、枝干和根的汁液,削弱树势,重者致树枯死。

形态诊断　成虫:雌体长10毫米,扁平椭圆,背面隆起似草鞋,体背淡灰紫色,周缘淡黄,体被白蜡粉和许多微毛,触角黑色丝状;腹部8节,腹部有横皱褶和纵沟;雄体长5~6毫米,翅展9~11毫米,头胸黑色,腹部深紫红色,触角黑色念珠状;前翅紫黑至黑色,后翅特化为平衡棒。卵:椭圆形,长1~1.2毫米,淡黄褐色,卵囊长椭圆形,白色绵状。若虫:体形与雌成虫相似,体小色深。雄蛹:褐色,圆筒形,长5~6毫米。

发生规律　1年发生1代,以卵和若虫在土缝、石块下或10~12厘米土层中越冬。卵于2月至3月上旬孵化为若虫并出土上树,初多于嫩枝、幼芽上危害,行动迟缓,喜于皮缝、枝杈等隐蔽处群栖,稍大喜于较粗的枝条阴面群集危害;雌若虫5月中旬至6月上旬羽化,危害至6月陆续下树入土分泌卵囊,产卵于其中,以卵越夏越冬。天敌有红环瓢虫、暗红瓢虫等。

防治方法

农业防治　①雌成虫下树产卵前,在树干基部挖坑,内放杂草等诱集产卵,后集中处理。②阻止初龄若虫上树。若虫上树前将树干老翘皮刮除10厘米宽1周,上涂胶或废机油,隔10~15天涂1次,涂2~3次,注意及时清除环下的若虫。树干光滑者可直接涂。

生物防治　保护利用自然天敌。

化学防治　若虫发生期喷洒48%哒嗪硫磷乳油1500倍液或50%辛硫磷乳油1000倍液、2.5%溴氰菊酯乳油2000倍液、5%顺式氰戊菊酯乳油2000~3000倍液。隔7~10天1次,连续防治3~4次。

㊺ 桑白蚧（图2-45-1至图2-45-6）

属同翅目盾蚧科。又名桑盾蚧、桑介壳虫、桑蚧、桃介壳虫。

分布与寄主

分布　全国各产区。

寄主　樱桃、核桃、柿、桃、杏、李等果树。

危害特点　若虫和雌成虫群集在枝干上刺吸汁液,被害枝条被虫体覆盖呈灰白色,也危害果、叶。削弱树势,重者致树枯死。

形态诊断　成虫:雌虫无翅,体长0.9~1.2毫米,淡黄色至橙黄色;介壳近圆形,直径2~2.5毫米,灰白色至黄褐色;雄虫只有1对灰白色前翅,体长0.6~0.7毫米,翅展约1.8毫米;介壳白色细长,长1.2~1.5毫米。卵:椭圆形,橘红色。若虫:淡黄褐色,扁椭圆形,常分泌绵毛状物盖在体上。蛹:仅雄虫有,长椭圆形，长约0.7毫米，橙黄色。

发生规律　1年发生2~5代，北方2代，浙江3代，广东5代，均以受精雌成虫在2年生以上的枝条上群集越冬。翌春果树萌芽时，越冬成虫开始危害，4月下旬至5月中旬产卵，5月中下旬初孵若虫分散爬行到枝条背阴处取食，并固贴在枝条上分泌绵毛状蜡丝，形成介壳，第1代若虫期40~50天，6月下旬至7月上中旬第一代成虫羽化，成虫继续产卵于介壳下，卵期10天左右。第二代若虫发生在8月，若虫期30~40天，9月出现雄成虫，雌虫危害至9月下旬后越冬。天敌主要有红点唇瓢虫等。

防治方法

农业防治　冬春季枝条上的雌虫介壳很明显，可用硬毛刷等刷掉越冬雌虫或剪除虫体较多的辅养枝，刷后石灰水涂干。

化学防治　①冬前及春季果树发芽前，用5~7波美度石硫合剂涂刷枝条或喷雾或用5%柴油乳剂或99%绿颖乳油（机油乳剂）50~80倍液喷雾消灭越冬雌成虫。②5月中下旬若虫孵化期，用48%哒嗪硫磷乳油或52.25%蜱·氯乳油、10%氯氰菊酯乳油2000倍液、25%噻嗪酮可湿性粉剂1000~1500倍液、50%杀螟硫磷乳油1000倍液等喷雾。

㊻　斑衣蜡蝉（图2-46-1至图2-46-11）

属同翅目蜡蝉科。又名椿皮蜡蝉、斑衣、樗鸡、红娘子等。

分布与寄主

分布　全国多数果产区。

寄主　柿、桃、杏、石榴、枣、核桃、香椿等。

危害特点　成虫、若虫刺吸枝、叶汁液，排泄物常诱发煤污病，削弱树势，严重时引起茎皮枯裂，甚至死亡。

形态诊断　成虫：体长15~20毫米，翅展39~56毫米，雄较雌小，基色暗灰泛红，体翅上常覆白蜡粉；头顶向上翘起呈短角状，触角刚毛状红色；前翅革质，基部2/3淡灰褐色，散生20余个黑点，端部1/3暗褐色，脉纹纵向整齐；后翅基部1/3红色，上有6~10个黑褐斑点，中部白色半透明，端部黑色。卵：长椭圆形，长3毫米左右，状似麦粒。若虫：体扁平，头尖长，足长；1~3龄体黑色，布许多白色斑点；4龄体背面红色，布黑色斑纹和白点；末龄体长6.5~7毫米。

发生规律　1年发生1代，以卵块于枝干上越冬。翌年4~5月孵化。若虫喜群集嫩茎和叶背危害，若虫期约90天，6月下旬至7月羽化。9月交尾产卵，多产在枝杈处的阴面，每块有卵数十粒，卵粒排列成行，上覆灰色土状分泌物。成虫、若虫均有群集性，较活泼、善跳跃，受惊扰即跳离，成虫则以跳助飞。白天活动危害。成虫寿命达4个月，危害至10月下旬陆续死亡。

防治方法

农业防治　冬春季卵块极好辨认，用硬物挤压卵块消灭。

化学防治　可喷洒无公害生产允许使用的菊酯类、有机磷等及其复配药剂，常用浓度均有较好效果。由于若虫被有蜡粉，所用药液中混用含油量0.3%~0.4%的柴油乳剂或黏土柴油乳剂，可显著提高防效。

㊼ 八点广翅蜡蝉（图2-47-1至图2-47-4）

属同翅目广翅蜡蝉科。又名八点蜡蝉、八点光蝉、八斑蜡蝉、橘八点光蝉、咖啡黑褐蛾蜡蝉、黑羽衣、白雄鸡。

分布与寄主

分布　全国多数产区。

寄主　樱桃、核桃、柿、桃、杏、石榴、柑橘等果树。

危害特点　成虫、若虫刺吸嫩枝、芽、叶汁液；排泄物易引发病害；雌虫产卵时将产卵器刺入嫩枝茎内，破坏枝条组织，被害嫩枝轻则叶枯黄、长势弱，难以形成叶芽和花芽，重则枯死。

形态诊断　成虫：体长6~7毫米，翅展18~27毫米，头胸部黑褐色；触角刚毛状；翅革质密布纵横网状脉纹，前翅宽大，略呈三角形，翅面被稀薄白色蜡粉，翅上具灰白色透明斑5~6个；后翅半透明，翅脉煤褐色明显，中室端有1白色透明斑。卵：长卵圆形，长1.2~1.4毫米，乳白色。若虫：低龄乳白色；成龄体长5~6毫米，宽3.5~4毫米，体略呈钝菱形，暗黄褐色；腹部末端有4束白色绵毛状蜡丝，呈扇状伸出，中间一对略长；蜡丝覆于体背以保护身体，常可作孔雀开屏状，向上直立或伸向后方。

发生规律　1年发生1代，以卵在当年生枝条里越冬。若虫5月中下旬至6月上中旬孵化，低龄若虫常数头排列于一嫩枝上刺吸汁液危害，4龄后散害于枝梢叶果间，爬行迅速善于跳跃，若虫期40~50天。7月上旬成虫羽化，飞行力较强且迅速，寿命50~70天，危害至10月。成虫产卵期30~40天，卵产于当年生嫩枝木质部内，产卵孔排成一纵列，孔外带出部分木丝并覆有白色絮状蜡丝，极易发现与识别。成虫有趋聚产卵的习性，虫量大时被害枝上刺满产卵迹痕。

防治方法

农业防治　冬春剪除被害产卵枝集中烧毁，减少翌年虫源。

化学防治　虫量多时，于6月中旬至7月上旬若虫羽化危害期，喷洒48%哒嗪硫磷乳油1000倍液或10%吡虫啉可湿性粉剂3000~4000倍液、5%氟氯氰菊酯乳油2000~2500倍液等。药液中加入含油量0.3%~0.4%的柴油乳剂或黏土柴油乳剂，可溶解虫体蜡粉显著提高防效。

48 柳蝙蛾（图2-48-1，图2-48-2）

属鳞翅目蝙蝠蛾科。又名蝙蝠蛾、东方蝙蝠蛾。

分布与寄主

分布 东北、江淮及南方果产区。

寄主 山楂、核桃、板栗、葡萄、樱桃、梨、苹果、杏、枇杷等果树、林木。

危害特点 幼虫危害枝条，把木质部表层蛀成环形凹陷坑道，致受害枝条生长衰弱，重则枝条枯死，遭风易折断。

形态诊断 成虫：体长32～36毫米，翅展61～72毫米，体色变化较大，刚羽化绿褐色，渐变粉褐，后变茶褐色；前翅前缘有7个半环形斑纹，翅中央有1个深褐色微暗绿的三角形大斑，外缘具由并列的模糊的弧形斑组成的宽横带；后翅暗褐色；雄蛾后足腿节背侧密生橙黄色刷状毛。卵：球形，直径0.6～0.7毫米，黑色。幼虫：体长50～80毫米，头部褐色，体乳白色，圆筒形，布有黄褐色瘤状突起。蛹：圆筒形，黄褐色。

发生规律 辽宁1年发生1代，少数2代，以卵在地面或以幼虫在枝干髓部越冬，翌年5月开始孵化，6月中旬在花木或杂草茎中危害，6～7月转移到附近木本寄主上，蛀食枝干。8月上旬开始化蛹，8月下旬至9月成虫羽化。成虫昼伏夜出，卵产在地面上越冬，每雌可产卵2000～3000粒。两年1代者幼虫翌年8月于被害处化蛹，9月成虫羽化。天敌有孢目白僵菌、柳蝙蛾小寄蝇等。

防治方法

农业防治 冬春季耕翻园地，将卵翻压至深层土壤，至幼虫不能正常孵化出土；及时清除园内杂草，集中深埋或烧毁；及时剪除被害虫枝。

生物防治 保护利用天敌。

化学防治 ①地面施药。5月至6月上旬幼虫孵化及低龄幼虫在地面活动期，地面喷洒40%辛硫磷乳油600～800倍液；45%马拉硫磷乳油或48%毒死蜱乳油800～1000倍液；2.5%溴氰菊酯乳油或20%氰戊菊酯乳油1500～2000倍液等2～3次，省工效果好。②枝干涂药。于幼虫上树前，树干上涂抹上述药液，毒杀上树幼虫。③虫孔注药。幼虫钻入枝干后，可用80%敌敌畏乳油50倍液及上述药液50～100倍液注入虫孔，每孔10～20毫升，注意不要注入太多，以能杀死幼虫药液被树体吸收为好，注多了容易造成烂干。

49 核桃小吉丁虫（图2-49-1至图2-49-4）

属鞘翅目吉丁虫科。

分布与寄主

分布　山西、甘肃、河北、河南、山东及周边产区。

寄主　核桃。

危害特点　以幼虫在枝干皮层中蛀食，受害处树皮变黑褐色，蛀道上每隔一段距离有一新月形通气孔，并有少许褐色液体流出，干后呈白色物质附在裂口上。受害严重的枝条，叶片枯黄早落，翌年春枝条大部分枯死。常导致幼树整株枯死。

形态诊断　成虫：体黑色，棱形，雌虫体长6~7毫米，雄虫体长4~5毫米，体宽约1.8毫米，头中部有纵凹陷，触角锯齿状；前胸背板中部稍隆起，头、前胸背板及翅鞘上密布黑色颗粒。卵：扁椭圆形，长约1毫米，白色渐变为黑色。幼虫：体乳白色，体长12~20毫米，扁平，头棕褐色，缩于前胸内，前胸膨大，中部有"人"字形纵纹，尾部有一对褐色尾铗。蛹：初乳白渐变为黑色，长约6毫米。

发生规律　1年发生1代，以幼虫在虫道内越冬。翌年5月上旬至6月下旬成虫羽化。6月中旬至7月下旬，为卵孵化盛期。8月下旬至10月下旬幼虫陆续越冬。成虫羽化后咬破皮层而出，10~15天后交尾产卵。卵多散产于叶痕处或光树皮上。成虫喜光，树冠外围枝条产卵多。成虫平均寿命25天。卵期约10天，幼虫孵化后蛀入皮层和木质部间危害，蛀道多由下部围绕枝条螺旋形向上危害，危害盛期在7月下旬至8月下旬。生长弱、枝叶少、透光好的树受害重，枝叶繁茂生长旺盛的树受害轻。果树势强，蛀道常能愈合。被害树枝长势弱、叶黄，常提早落叶，冬季易受冻害。

防治方法

农业防治　加强果园综合管理，增施有机肥，适时浇水，及时排水，加强其他病虫害防治，增强树势，提高抗虫能力；核桃采后至落叶前或在春季核桃树发芽后1个月内，彻底剪除受害枝梢，集中销毁，消灭越冬幼虫和蛹。

化学防治　①幼虫发生期的7~8月经常检查，发现枝干被害可在虫疤处涂抹煤油敌敌畏液（2∶1）或40%辛硫磷乳油20倍液。②成虫发生期叶面喷洒25%甲萘威可湿性粉剂500倍液或80%敌敌畏乳油800倍液、30%乙酰甲胺磷乳油1000倍液、2.5%溴氰菊酯乳油4000倍液等。

⑤⓪　核桃根象甲（图2-50-1至图2-50-3）

属鞘翅目象甲科。又名核桃黄斑象甲、核桃横沟象甲。

分布与寄主

分布　河南、陕西、云南及周边产区。

寄主　核桃根系和果实、嫩枝、幼芽、叶片。

危害特点 以幼虫危害核桃根标皮层，根皮被环剥，削弱树势，重者整株死亡，常与芳香木蠹蛾混合发生。成虫也危害果实、嫩枝、幼芽、叶片。

形态诊断 成虫：全体灰黑色，体长12~15毫米，体宽5~6毫米；头管长为体长的1/3，触角着生在头管前端，膝状；胸背密布不规则的点刻，鞘翅上的点刻排列整齐，鞘翅近中部和端部生9~11块褐色绒毛斑，鞘翅末端具弧形凹陷；两足间有明显的橘红色绒毛。卵：椭圆形，1.6~2毫米×1~1.3毫米，初黄白渐变为黄褐色。幼虫：体长14~18毫米；体形弯曲肥胖，多皱褶，黄白色，头部棕褐色，口器黑褐色。蛹：黄白色，长14~17毫米，末端有2根黑褐色刚毛。

发生规律 2年发生1代，以幼虫在根皮处或以成虫在向阳处杂草或表土层中越冬。老熟幼虫5月下旬至8月上旬化蛹。成虫6月中旬至8月中旬羽化。成虫寿命长达12个月，当年羽化成虫8月上旬开始产卵，8月中旬至10月上旬陆续越冬。翌年5月中旬又开始产卵，直至8月上旬产卵结束死亡。幼虫危害期2~3个月。成虫除取食果、芽、叶外，也取食根部皮层，爬行快，飞翔力差，有假死性和弱趋光性。卵多产在根际的裂缝和嫩根皮中，卵期平均22天。幼虫孵化后多集中在表土下5~20厘米深根际皮层危害，个别沿主根向下深达45厘米。被害虫道不规则，相互交错，虫道内充满粪粒和木屑。天敌有寄生蜂、小黄蚂蚁、多种鸟类等。

防治方法

农业防治 ①冬春季耕翻园地，特别注意把树干基部土壤挖开，并刮去根颈部粗皮，利用低温和不利环境消灭地下幼虫。②冬季封冻时，在根部灌入人粪尿后封土，杀虫率达100%。③在成虫产卵前，挖开树干基部土层，用石灰泥浆封住根颈部，阻止成虫产卵，此法简便易行效果好。

生物防治 保护利用天敌或用每毫升含2亿个白僵菌液喷洒树冠和根颈部。

化学防治 ①春季幼虫开始危害时，挖开树干基部土壤，用刀撬开根际老皮，重喷80%敌敌畏乳油或50%辛硫磷乳油100倍液、50%杀螟硫磷乳油200倍液、10%醚菊酯乳油300倍液等，喷后封土，可大量杀死根部幼虫。②成虫发生期的6~7月份，用10%氯氰菊酯乳油2000倍液或5%顺式氰戊菊酯乳油3000~4000倍液、50%辛·溴乳油1000~1500倍液等，喷洒树冠和根颈部。

(51) 核桃天牛（图2-51-1至图2-51-9）

属鞘翅目天牛科。又名核桃大天牛、云斑天牛、白条天牛等。

分布与寄主

分布 全国各产区。

寄主 核桃、板栗、无花果、苹果、山楂、梨、枇杷等果树。

危害特点 成虫食叶和嫩枝皮；幼虫蛀食枝干皮层和木质部，削弱树势，重者致枝或全树枯死。

形态诊断 成虫：体长57~97毫米，宽17~22毫米，黑褐色；前胸背板有2个肾状白斑，小盾片白色；鞘翅基部1/4处密布黑色颗粒，翅面上具不规则白色云状毛斑，略呈2、3纵行；体腹面两侧从复眼后到腹末具白色纵带1条。卵：长椭圆形，长7~9毫米，白至土褐色。幼虫：体长74~100毫米，稍扁，黄白色；头稍扁平深褐色，长方形，1/2缩入前胸，外露部分近黑色；前胸背板近方形，橙黄色，中后部两侧各具纵凹1条，并具暗褐色颗粒状突起，背板两侧白色，上具橙黄色半月形斑1个；后胸和第一至七腹节背、腹面具“口”形骨化区。蛹：长40~90毫米，初乳白渐变黄褐色。

发生规律 2~3年发生1代，以成虫或幼虫在蛀道中越冬。越冬成虫于5~6月间咬羽化孔钻出树干，交尾后产卵于树干或斜枝下面，尤以距地面2米内的枝干着卵多。产卵时先在枝干上咬一椭圆形蚕豆粒大小的产卵刻槽，产卵后，用细木屑堵住产卵口。成虫寿命1个月左右。卵期10~15天，6月中旬进入孵化盛期，初孵幼虫把皮层蛀成三角形蛀道，木屑和粪便从蛀孔排出，致树皮外胀纵裂，是识别云斑天牛危害的重要特征。后蛀入木质部，在粗大枝干里多斜向上方蛀，在细枝内则横向蛀至髓部再向下蛀，隔一定距离向外蛀一通气排粪孔。幼虫活动范围的隧道里基本无木屑和虫粪，其余部分则充满木屑和粪便。危害至深秋休眠越冬，翌年4月继续活动。8~9月老熟幼虫在肾状蛹室里化蛹。羽化后越冬于蛹室内，第三年5~6月才出树。3年1代者，第四年5~6月成虫出树。

防治方法

农业防治 及时剪除虫枝烧毁；成虫发生期及时捕杀成虫，消灭在产卵之前；成虫产卵盛期后挖卵和初龄幼虫；用细铁丝插入新鲜排粪孔内刺杀幼虫。

化学防治 ①产卵盛期后常检查发现产卵刻槽，可用杀螟硫磷乳油等10~20倍液涂抹，杀卵及初龄幼虫效果好。②蛀入木质部的幼虫可从新鲜排粪孔注入药液，用50%辛硫磷乳油或90%晶体敌百虫、20%甲氰菊酯乳油10~20倍液等，每孔最多注射10毫升，然后用湿泥封孔，杀虫效果很好，注意药液不能注的太多，以能杀死幼虫并被树体吸收为度，注多了易引起烂干。③成虫发生期喷洒40%毒死蜱乳油或50%辛硫磷乳油、90%晶体敌百虫1000倍液、5%顺式氰戊菊酯乳油3000~4000倍液、10%醚菊酯乳油800~1000倍液等。

(52) 四点象天牛（图2-52-1，图2-52-2）

属鞘翅目天牛科。又名黄斑眼纹天牛。

分布与寄主

分布 全国各产区。

寄主 山楂、苹果、核桃等。

危害特点 成虫取食枝干嫩皮；幼虫蛀食枝干皮层和木质部，喜于韧皮部与木质部之间蛀食，隧道不规则，内有粪屑，致树势衰弱或枯死。

形态诊断 成虫：体长8~15毫米，宽3~6毫米，黑色，杂有金黄色毛斑，触角11节赤褐色；头部及前胸背板有小颗粒及点刻，前胸中后方及两侧有瘤状突起，中具4个略呈方形排列的丝绒状黑斑，每斑镶金黄色绒毛边；鞘翅上有许多不规则形黄色斑和近圆形黑斑点；翅中段色较淡，在淡色区的上、下缘中部各有一较大的不规则形黑斑；小盾片中部金黄色。卵：椭圆形，长2毫米，乳白渐变淡黄白色。幼虫：体长25毫米，淡黄白色，头黄褐色，口器黑褐色，前胸显著粗大，前胸盾矩形黄褐色；胴部13节。蛹：长10~15毫米，淡黄褐渐变为黑褐色。

发生规律 黑龙江2年1代，以幼虫或成虫越冬。翌春5月初越冬成虫开始危害、交配产卵。卵多产在树皮缝、枝节、死节处，尤喜产在腐朽变软的树皮上。卵期15天，5月底幼虫孵化后蛀入韧皮部与木质部之间蛀食，隔一定距离向外蛀一排粪孔。秋后于蛀道内越冬。第二年危害至7月底前后老熟于隧道内化蛹，蛹期10余天，羽化后咬圆形羽化孔出树，于落叶层和干基部各种缝隙内越冬。

防治方法

农业防治　加强综合管理，增施有机肥、合理灌排水，及时防治病虫害，增强树势，提高抗虫能力。冬春季科学修剪，彻底剪除衰弱枝、枯死枝集中处理，剪枝后注意伤口涂药消毒保护，促进伤口愈合；结合修剪涂白剂涂干防冻害，春季防霜冻，以减少树体伤口创造不利成虫产卵的条件。产卵期后刮粗翘皮，消灭部分卵和初龄幼虫。刮皮后及时涂消毒剂保护。

化学防治　卵孵化盛期和初龄幼虫期为施药关键期，①虫孔注药液。用90%晶体敌百虫或80%敌敌畏乳油、50%辛硫磷乳油、50%杀螟硫磷乳油、20%甲氰菊酯乳油、50%吡虫啉乳油等30~60倍液，从新鲜排粪孔注入药液，毒杀新蛀入幼虫，每孔最多注10毫升，然后用湿泥封孔。②树冠喷药。成虫发生期喷洒10%氯氰菊酯乳油2000倍液或2.5%溴氰菊酯乳油2500倍液、20%醚菊酯乳油1000倍液及上述药液，使用浓度严格按标定要求进行，注意枝干上要全部着药。

(53) **粒肩天牛**（图2-53-1至图2-53-6）

属鞘翅目天牛科。又名桑天牛、桑黑天牛等。

分布与寄主

分布　全国各产区。

寄主　苹果、山楂、核桃、梨、李、柑橘、杏、无花果等果树。

危害特点 成虫食害嫩枝皮和叶；幼虫于枝干的皮下和木质部内蛀食，削弱树势，重者致树枯死。

形态诊断 成虫：体长26~51毫米，宽8~16毫米，黄褐色至浅褐色，密被青棕或棕黄色绒毛；触角丝状；前胸背板具不规则的横皱，侧刺突粗壮；鞘翅基部密布黑色光亮的颗粒状突起，约占全翅长的1/4~1/3，翅端内、外角均呈刺状突出。卵：长椭圆形，长6~7毫米，初乳白渐变淡褐色。幼虫：体长60~80毫米，圆筒形，乳白色；头黄褐色，大部缩在前胸内；腹部13节，无足，背板上密生黄褐色刚毛，后半部生赤褐色颗粒状小点并有"小"字形凹纹。蛹：长30~50毫米，纺锤形，初淡黄渐变黄褐色。

发生规律 北方2~3年1代，广东1年1代，以幼虫在枝干内越冬，寄主萌动后开始危害，落叶后休眠越冬。北方地区，幼虫经过2~3个冬天，于6~7月间老熟后在隧道内化蛹，7~8月间羽化后从羽化孔钻出。成虫昼伏晚出，卵多产于2~4年生、直径10~20毫米枝条的中下部的上方，产卵前先将表皮咬成"U"形伤口，然后产卵于其中。单雌产卵期达40余天。卵期10~15天，孵化后先于韧皮部和木质部间蛀食，然后蛀入木质部内向下蛀食并至髓部。隔一定距离向外蛀一通气排粪屑孔，排出大量粪屑，低龄幼虫粪便红褐色细绳状，大龄幼虫的粪便为锯屑状。幼虫一生蛀隧道长达2米左右，隧道内无粪便与木屑。

防治方法

农业防治 冬春季彻底剪除虫枝，集中处理；成虫发生期及时捕杀成虫，消灭在产卵之前；成虫产卵盛期后于产卵伤口处挖卵和初龄幼虫；用细铁丝从新鲜排粪孔处插入刺杀虫道内的幼虫。

化学防治 卵孵化盛期和初龄幼虫期为施药关键期。①药剂涂产卵槽。用90%晶体敌百虫或80%敌敌畏乳油、50%杀螟硫磷乳油、20%甲氰菊酯乳油、50%吡虫啉乳油等30~50倍液，涂抹产卵刻槽杀虫效果很好。②虫孔注药液。用50%辛硫磷乳油10~20倍液或上述药液从新鲜排粪孔注入，毒杀新蛀入幼虫，每孔最多注10毫升，然后用湿泥封孔。③树冠喷药。成虫发生期喷洒20%醚菊酯乳油1000倍液及上述药液，使用浓度严格按标定要求进行，注意枝干上要全部着药。

54 豹纹木蠹蛾（图2-54-1至图2-54-4）

属鳞翅目木蠹蛾科。

分布与寄主

分布 广东、广西、河南、安徽、江苏、浙江等地。

寄主 木麻黄、柚木、南岭黄檀、石榴、核桃、龙眼、荔枝、柑橘、枇杷、番石榴等多种林果。

危害特点 幼虫钻蛀枝干，造成枯枝、断枝，严重影响生长。

形态诊断 成虫：雌虫体长27~35毫米，翅展50~60毫米。雄虫体长20~25

毫米，翅展44～50毫米。全体被白色鳞片，在翅脉间、翅缘和少数翅脉上有许多比较规则的蓝黑色斑，后翅除外缘有蓝黑色斑外，其他部分斑颜色较浅。头部和前胸鳞片疏松，前胸有排成两行的6个蓝黑斑点。腹部每节均有8个大小不等的蓝黑色斑，成环状排列。雌虫触角丝状，雄虫触角基半部羽毛状，端部丝状。卵：椭圆形，淡黄色，少数为橘红色。幼虫：体长40～60毫米。老熟幼虫黄白色，每体节有黑色毛瘤，瘤上有毛1～2根；前胸背板上有黑斑，中央有一条纵走的黄色细线，后缘有一黑褐色突，上密布小刻点。尾板也较硬化，少数有一大黑斑。蛹：黄褐色。头部顶端有一大齿突。每腹节有两圈横行排列的齿突。

发生规律　1年发生1代，以老熟幼虫在树干内越冬。翌年春季枝条萌发后，再转移到新梢继续蛀食危害。化蛹盛期为4月上中旬。4月下旬至5月上旬羽化。成虫有趋光性，不太活跃，雄虫飞翔力较雌虫强。夜间交尾。产卵期可延续3～5天，每雌产卵300～800粒，卵期15～20天。1龄幼虫黑色，迁移能力较强，有转枝危害习性。幼虫无论在枝条或主干危害，蛀入后先在皮层与木质部间绕干蛀食木质部一周，因此极易从此处引起风折。幼虫再蛀入髓部，沿髓部向上蛀纵直隧道，虫道较长，隔不远处向外开一圆形排粪孔，并经常把粪便排出孔外，往往有多个排粪孔。5～6月，老熟幼虫在隧道内吐丝缀连碎屑，堵塞两端，并向外咬蛀羽化孔，构成蛹室，即行化蛹。化蛹部位多在羽化孔上方，头部向下。蛹期19～23天。成虫羽化后，蛹壳一半露出孔外，长久不掉。成虫产卵于嫩枝、芽腋或叶上，单粒散产或数粒一起。幼虫孵化后，先从嫩梢上部叶腋蛀入危害，被害嫩梢3～5天内即枯萎，这时幼虫钻出再向下移不远处重新蛀入，这样经过多次转移蛀食，当年新生枝梢可全部枯死。幼虫危害至秋末冬初，在被害枝基部隧道内越冬。

防治方法

农业防治　在园地和周围的一些此虫寄主林、果树风折枝中，常有大量幼虫和蛹存在，要及时清除烧毁。

化学防治　在成虫产卵和幼虫孵化期喷洒20%氟丙菊酯乳油2000倍液、90%晶体敌百虫1000倍液、50%杀螟硫磷乳油1500倍液，消灭卵和幼虫。

55　咖啡木蠹蛾（图2-55-1至图2-55-5）

属鳞翅目木蠹蛾科。又名咖啡豹蠹蛾、咖啡黑点木蠹蛾。

分布与寄主

分布　广东、江西、福建、台湾、浙江、江苏、上海、陕西、河南、山东、安徽、湖北、湖南、四川、云南等地。

寄主　石榴、核桃、苹果、梨、葡萄、柿、樱桃、番石榴、荔枝、龙眼、柑橘、咖啡、木麻黄、枫杨、悬铃木、黄檀、玉米、棉花等植物。

危害特点 幼虫蛀入枝条嫩梢，致蛀孔以上的枝干枯死，遇风折断，幼树主茎受害后，树干短小，易生侧枝。

形态诊断 成虫：雌虫体长12~26毫米，翅展30~50毫米；雄虫较雌虫体小。体灰白色，具青蓝色斑点。雌虫触角丝状，雄虫触角基半部羽状，端半部丝状，触角黑色，上具白色短绒毛。复眼黑色，口器退化。胸部具白色长绒毛，中胸背板两侧有3对由青蓝色鳞片组成的圆斑；翅灰白色，翅脉间密布大小不等的青蓝色短斜斑点，外缘有8个近圆形的青蓝色斑点。胸足被黄褐色与灰白色绒毛，胫节及跗节为青蓝色鳞片覆盖。雄虫前足胫节内侧着生一个比胫节略短的前胫突。腹部被白色细毛。第三至七节背面及侧面有5个青蓝色毛斑组成的横裂。第八腹节背面则几乎为青蓝色鳞片所覆盖。卵：椭圆形，长0.9毫米，杏黄色或淡黄白色，孵化前为紫黑色。卵壳薄，表面无饰纹，成块状紧密黏结于枯枝虫道内。幼虫：初孵幼虫体长1.5~2毫米，紫黑色；老熟幼虫体长30毫米左右；头橘红色，头顶、上颚及单皮区域黑色；较硬，后缘有锯齿状小刺一排，中胸至腹部各节有成横排的黑褐色小颗粒状隆起。蛹：长圆筒形，雌蛹长16~27毫米，雄蛹长14~19毫米，褐色。蛹的头端有一尖的突起，色泽较深；腹部第三至九节的背侧面及腹面，有小刺列，腹部末端有6对臀棘。

发生规律 在长江流域以北地区1年发生1代，长江以南1年发生1~2代。2代地区，第一代成虫期在5月上中旬至6月下旬，第二代在8月初至9月底。以幼虫在被害枝条的虫道内越冬，翌年3月中旬开始取食，4月中下旬至6月中下旬化蛹，5月中旬成虫羽化，7月上旬结束，5月底6月上旬果园可见到初孵幼虫。幼虫越冬后在被害枯枝内继续取食或转枝危害，转枝率达48%。正在生长的枝条若被蛀害，新叶及嫩梢很快枯萎，症状非常明显。老熟幼虫在化蛹前，咬透虫道壁的木质部，在皮层上预筑一近圆形的羽化孔盖，孔盖边缘与树皮略为分离；在孔盖下方8毫米处，幼虫另咬一直径约2毫米的小孔与外界相通；在羽化孔盖与小孔之间，幼虫吐丝缀合木屑将虫道堵塞，并做成一斜向的羽化孔道，在羽化孔上方幼虫用丝和木屑封隔虫道，筑成蛹室，蛹室长20~30毫米。准备化蛹的幼虫，头部朝下经3~5天蜕皮化蛹，蛹期13~37天。羽化前，蛹体借腹部的刺列向羽化孔口蠕动，顶破蛹室丝网及羽化孔盖半露于羽化孔外，羽化后蛹壳留在羽化孔口，长久不落。成虫全于均可羽化，以10：00、15：00及20：00~22：00羽化最多。5月下旬成虫羽化盛期。成虫白天静伏不动，黄昏后开始活动，雄蛾飞翔能力较强，趋光性弱。成虫多数在20：00~23：00交尾。雌虫交尾后1~6小时产卵，产卵历期1~4天。单雌产卵244~1132粒，卵产于树皮缝、旧虫道内或新抽嫩梢上或芽腋处，单粒散产。成虫寿命1~6天。卵期9~15天。幼虫孵化后，吐丝结网覆盖卵块，群集于丝幕下取食卵壳。孵化后2~3天扩散，在果园，幼虫呈片状分布。在石榴等植物上，多自嫩梢顶端几个腋芽处蛀入，虫道向上。蛀入后1~2天，蛀孔以上的叶柄凋萎、干枯，并常在蛀孔处折断。取食4~5天后，幼虫钻出，向下转移至新梢，仍由腋芽处蛀入，此时危害症状逐渐明显，6~7月间当幼虫向下部2年生枝条转移危害时，因气温升高，枝条枯死速度加快，林间枝梢被害状异常明显。幼虫蛀入枝条后在木质部与韧皮部之间绕枝条蛀一环，由于输导组织被破坏，枝条很快枯死，幼虫在枯枝内向上取食筑道，每遇大风，被害枝条常在蛀环处折断。幼虫在10月下旬、11月初停止取食，在蛀道内吐丝缀合虫粪、木屑封闭两端静伏越冬。越冬幼虫天敌有：小茧蜂、蚂蚁、串珠镰刀菌和病毒。

防治方法

农业防治　及时剪除该虫危害的小枝并烧毁。

生物防治　保护和利用天敌。小茧蜂在越冬后的幼虫体上可连续繁殖2代，在剪、拾有虫枝条内，常有一定数量寄生蜂，将虫枝分捆立于林地内，让蜂自然扩散，待5月上旬害虫化蛹后，收集虫枝烧毁，消灭虫枝中害虫。

化学防治　在卵孵化盛期，初孵幼虫蛀入枝、干危害前，喷洒3%乙酰甲胺磷或50%二嗪磷乳油1000~1500倍液，能收到良好的杀虫效果。在幼虫初蛀入韧皮部时，用40%毒死蜱柴油液（1∶9）、50%二嗪磷乳油柴油溶液涂虫孔，杀虫率可达100%。

56 六棘材小蠹（图2-56-1至图2-56-3）

属鞘翅目小蠹科。

分布与寄主

分布　贵州黔南地区。

寄主　核桃。

危害特点　以成虫和幼虫蛀害核桃老枝干，隧道呈树状分枝，虫口密度大时纵横交错，蛀屑排出孔外。植株被害后，树势衰弱，枝条渐失结果能力，最后濒死或枯死。

形态诊断　成虫：雌成虫圆柱形，长2.5~2.7毫米，宽1.0~1.1毫米，初羽化茶褐色渐变为黑色；头隐前胸背板之下；鞘翅斜面弧形，尾部有一强纵凹槽；雄虫翅尾斜面上无凹槽，整个坡面散生细小棘粒。卵：乳白色椭圆形，0.4毫米×0.5毫米。幼虫：乳白色，稍扁平，无足，长2.8~3.0毫米，宽0.8~0.9毫米；上颚茶褐色，额面疏生黄色刚毛，中央具一条纵凹沟；背面多皱。蛹：初乳白色渐变为黄褐色，长2.5~2.8毫米，宽1.1~1.2毫米。

发生规律　1年发生4代，以成虫、幼虫和蛹在蛀害坑道内越冬。越冬代成虫于4月上中旬转移至植株新部位或新植株蛀害新隧道产卵，卵数粒至20余粒聚产在隧道端部，幼虫孵化后斜向或侧向蛀食。成虫产卵期较长，世代重叠严重。各代成虫出现的高峰期分别为5月上中旬、7月中下旬、8月下旬至9月上旬、10

月中下旬，11月下旬后越冬，潜息于深层坑道中。成虫飞翔力弱，近距离扩散危害。晴暖日喜爬行于孔口外或尾露出孔口，将坑道内的粪屑排出，树皮外常挂一层屑粉。

防治方法

农业防治　冬春季彻底剪除虫蛀枝集中烧毁，消灭越冬虫源；夏季及时剪除生长衰弱和不结果的濒死枯枝；加强果园综合管理，增强树势减少病虫危害。

化学防治　在越冬代成虫咬坑产卵期，枝干上喷洒残效期长的80%敌敌畏乳油或50%辛硫磷乳油1000倍液、50%杀螟硫磷乳油800倍液、10%醚菊酯乳油2000倍液等，喷至淋水状态，触杀成虫。在新蛀害孔处涂抹煤油敌敌畏液（2：1）或40%辛硫磷乳油20倍液等，毒杀成虫。

57　削尾材小蠹（图2-57-1至图2-57-3）

属鞘翅目小蠹科。

分布与寄主

分布　贵州、四川、云南、安徽、浙江及周边产区。

寄主　核桃、板栗等果树。

危害特点　以成虫和幼虫蛀害主干及主侧枝，深入木质部，虫口密度大时，木质部隧道纵横交错，导致植株树势衰弱，渐致死亡。

形态诊断　成虫：雄虫体长3.0~3.4毫米，宽1.8~2.1毫米，雌虫体长3.5~3.7毫米，宽约2.3毫米；体黑色略具光泽，足、锤状触角黄褐色；前胸背板盖遮头部，长胜于宽，背观呈盾形，背板四周密生黄褐色毛；鞘翅短而宽，两侧密生黄色短毛，从翅基1/3处突然向下斜截，斜面上密布微小颗粒。

发生规律　成虫、幼虫蛀入木质部深处危害，所蛀母坑道横向，子坑布于母坑四周，斜向或纵向发展。单雌繁殖少，但虫量大时，亦能造成树体和枝干大量衰亡。世代和发生规律不详。

防治方法

农业防治　加强水肥管理和防治天牛类、溜皮虫、爆皮虫等害虫的危害，保持树势健壮，提高抗虫能力；及早砍掉受害较重、濒死或枯死的植株或枝干，集中烧毁，以除虫源。

化学防治　①初侵染树，成虫数量少，虫道浅，可用刀削去部分皮层涂下述药剂30~50倍液触杀。②根据虫体在晴暖日喜在干周孔口处活动的习性，在树干上喷洒触杀剂，可选用10%氯氰菊酯乳油2000倍液或5%顺式氰戊菊酯乳油3000~4000倍液、50%辛·溴乳油1000~1500倍液、50%辛硫磷乳油或90%晶体敌百虫1000倍液、20%甲氰菊酯乳油2500~3000倍液等。

58 芳香木蠹蛾（图2-58-1至图2-58-7）

属鳞翅目木蠹蛾科。又名杨木蠹蛾、红哈虫。

分布与寄主

分布 东北、华北、西北等地。

寄主 核桃、苹果、梨、桃、杏等果树。

危害特点 幼龄幼虫蛀食根颈处皮层，大龄幼虫可蛀食木质部。受害轻者树势衰弱，重者导致几十年生大树死亡。

形态诊断 成虫：全体灰褐色，腹背略暗；体长30毫米左右，翅展56~80毫米，雌蛾大于雄蛾；触角栉齿状；前翅灰白色，前缘灰褐色，密布褐色波状横纹，由后缘角至前缘有一条粗大明显的波纹。卵：初白色渐变至暗褐色，近卵圆形，1.5毫米×1.0毫米。幼虫：扁圆筒形，成龄体长56~80毫米，胸部背面红色或紫茄色，有光泽，腹面淡红或黄色；头部紫黑色，有不规则的细纹，前胸背板生有大型紫褐色斑纹一对。

发生规律 河南、陕西、山西、北京等地2年1代，青海西宁3年1代。以幼虫在被害树木的蛀道内和树干基部附近的土内越冬。越冬幼虫于4~5月化蛹，6~7月羽化为成虫。成虫昼伏夜出，有趋光性。卵多块产于树干基部1.5厘米以下或根茎结合部的裂缝或伤口处，每块有卵几粒至百余粒。幼虫孵化后即从伤口、树皮裂缝或旧蛀孔等处钻入皮层，先在皮层下蛀食，使木质部与皮层分离，极易剥落。后在木质部的表面蛀成槽状蛀坑，从蛀孔处排出细碎均匀的褐色木屑。初龄幼虫群集危害，随虫龄增大，分散在树干的同一段内蛀食，并逐渐蛀入髓部，形成粗大而不规则的蛀道。10月后在蛀道内越冬。翌年继续危害，到9月下旬至10月上旬，幼虫老熟，爬出隧道，在根际处或离树干几米外向阳干燥处约10厘米深的土壤中结伪茧越冬。老熟幼虫爬行速度较快，遇到惊扰，可分泌出一种有芳香气味的液体，因此而得名。

防治方法

农业防治 在成虫产卵期，树干涂白，防止成虫产卵；当发现根颈皮下部有幼虫危害时，可撬起皮层挖杀幼虫；冬春深翻园地，利用低温和鸟食消灭幼虫。

化学防治 在6月中旬至7月下旬，成虫产卵期用50%杀螟硫磷乳油1000~1500倍液或40%哒嗪硫磷乳油1500~2000倍液、20%哒嗪硫磷乳油800~1000倍液、2.5%溴氰菊酯乳油2000~3000倍液、25%灭幼脲悬浮剂1500倍液等，喷树干胸高下2~3次，杀初孵化幼虫效果好。5~10月幼虫蛀食期，用上述药剂30~50倍液注入虫孔1次，药液注入量以能杀死蛀道内幼虫为度，一般10~20毫升即可，注多了易造成烂干，注药后用泥封口。

59 柳干木蠹蛾（图2-59-1至图2-59-3）

属鳞翅目木蠹蛾科。又名柳乌木蠹蛾、柳干蠹蛾、榆木蠹蛾、大褐木蠹蛾、黑波木蠹蛾、红哈虫。

分布与寄主

分布　除西藏、新疆未见报道外，全国各产区均有分布。

寄主　板栗、苹果、李、核桃、杏等果树。

危害特点　幼虫在根颈、根及枝干的皮层和木质部内蛀食，形成不规则的隧道，削弱树势，重致枯死。

形态诊断　成虫：体长26～35毫米；翅展50～78毫米；体灰褐至暗褐色；触角丝状；前翅翅面布许多长短不一的黑色波状横纹，亚缘线黑色前端呈"Y"形；后翅灰褐色，中部具一褐色圆斑。卵：椭圆形，长约1.3毫米，乳白至灰黄色。幼虫：体长70～80毫米，头黑色，体背鲜红色，体侧及腹面色淡；胸足外侧黄褐色，腹足趾钩双序环。蛹：长椭圆形，长50毫米，棕褐至暗褐色。

发生规律　2年1代，以幼虫越冬。第一年以低龄和中龄幼虫于隧道内越冬，第二年以高龄和老熟幼虫在树干内或土中越冬。以老熟幼虫越冬者，翌春4～5月于隧道口附近的皮层处或土中化蛹。发生期不整齐，4月下旬至10月中旬均可见成虫，6～7月较多。成虫善飞翔，昼伏夜出，趋光性不强，喜于衰弱树、孤立或边缘树上产卵，卵多产在树干基部树皮缝隙和伤口处，数十粒成堆，卵期13～15天。幼虫孵化后蛀入皮层，再蛀入木质部，多纵向蛀食，群栖危害，多的可达200头，有的还可蛀入根部致树体倒折。

防治方法

农业防治　产卵前树干涂石灰水，既杀卵又防病。幼虫危害初期挖除皮下群集幼虫杀之，并用保护剂涂抹伤口保护。

物理防治　成虫发生期黑光灯杀成虫。

化学防治　①树干喷药。成虫产卵期树干2米以下喷洒50%辛硫磷乳油400～500倍液，25%辛硫磷胶囊剂200～300倍液等，毒杀卵和初孵幼虫。②虫孔抹药泥。幼虫危害期可用80%敌敌畏乳油或25%喹硫磷乳油30～50倍液对黏土和成药泥塞入虫孔。③药液涂干。用25%抑食肼悬浮剂与柴油1：9的混合液涂抹被害处，毒杀初侵入幼虫。

60 日本木蠹蛾（图2-60-1，图2-60-2）

属鳞翅目木蠹蛾科。

分布与寄主

分布　除东北、西北少数地区外，其他各产区均有分布。

寄主　核桃及多种林木。

危害特点　以幼虫蛀食枝干韧皮部，在韧皮部与木质部间形成不规则隧道，粪便与木屑排于蛀道内，部分从排粪孔排出，致树生长衰弱，重者枝、干枯死。

形态诊断　成虫：体长26毫米左右，翅展36~75毫米，前翅顶角圆钝，基半部深灰色，仅前缘有短黑线纹，端半部灰黑色，后翅黑灰色。卵：椭圆形，表面有网纹。幼虫：扁圆筒形，粗壮，老熟体长约65毫米；头部黑色；前胸背板为一整块黑斑，有4条乳白色线纹从前缘锲入，黑斑中部有黄白线1条；中胸背板有黑褐色斑3块；后胸背板有黑褐色斑4块，呈“八”字形；腹背部深红色，腹面黄白色。蛹：褐色，长17~38毫米。

发生规律　山东、河北2年发生1代，跨3个年度，以幼虫在树干蛀道内越冬。成虫期为第一年的5月下旬至9月上旬，成虫有较强的趋光性。卵单粒或成堆产于树皮裂缝和伤疤处。幼虫蛀入韧皮部危害，11月上旬在蛀道中越冬。翌年全年以幼虫继续危害并越冬。第三年幼虫危害至5月化蛹，蛹期14~52天。成虫羽化后，蛹壳半露在树干排粪孔处，经久不掉。

防治方法

农业防治　在成虫产卵期，树干涂白，防止成虫产卵；当发现枝干树皮下有幼虫危害时，可撬起皮层挖杀幼虫；及时剪除严重受害枝条，消灭枝条内幼虫。

物理防治　灯诱或性引诱剂诱杀成虫。

化学防治　①在6月中旬至7月下旬，成虫产卵期用50%杀螟硫磷乳油1000~1500倍液或40%辛硫磷乳油1500~2000倍液、20%哒嗪硫磷乳油800~1000倍液、2.5%溴氰菊酯乳油2000~3000倍液、25%灭幼脲悬浮剂1500倍液等，喷树干2~3次，杀初孵化幼虫效果好。②幼虫蛀食期，用上述药剂30~50倍液注入新鲜虫孔1次，药液注入量以能杀死蛀道内幼虫为度，一般10~20毫升即可，注多了易造成烂干，注药后用泥封口。

61　瘤胸材小蠹（图2-61-1至图2-61-3）

属鞘翅目小蠹科。

分布与寄主

分布　长城以南及西藏、新疆等产区。

寄主　柿、山楂、桃、核桃、杨等果树和林木。

危害特点　成虫、幼虫在干、枝木质部内蛀食，影响树势。

形态诊断　成虫：体长2~2.5毫米，宽0.8~0.9毫米，雄较雌略小，体棕褐色，密被浅黄色绒毛；前胸背板红褐色，鞘翅暗褐至黑褐色，头部被前胸背板遮盖；前胸粗大，长为鞘翅长的2/3，背板上布满颗瘤；小盾片三角形狭长；鞘翅端部微斜截，鞘翅上各具8列纵刻点沟；腹板5节被鞘翅覆盖；触角7节短小锤状。卵：近球形，乳白色。幼虫：体长2.2毫米左右，略弯，无足，头浅黄，口器淡褐色，胴部乳白色12节；胸部粗大。蛹：长2毫米，乳白至浅黄色。

发生规律 生活史不详。初步观察：成虫行动迟缓，多在老翘皮下蛀入树体，蛀孔圆形，直径约0.8毫米。蛀道不规则，水平横向居多，长短十几厘米至20余厘米，蛀道末端为卵室。幼虫孵化后在卵室和蛀道内活动危害，老熟幼虫在蛀道侧蛀蛹室化蛹。新羽化成虫出树期和侵入时，常在树干上爬行并在蛀孔处频繁进出，是药剂防治的关键期。

防治方法

农业防治 加强果园综合管理，增施有机肥，科学修剪减少伤口，冬季防冻害早春防霜冻，合理灌排水，疏花疏果防止大小年现象，及时防治病虫害，增强树势，提高抗病虫能力。

化学防治 掌握成虫出树期和侵入期树干喷药至淋洗状态。可喷洒5%氯氟氰菊酯乳油或2.5%溴氰菊酯乳油、10%联苯菊酯乳油、20%甲氰菊酯乳油、10%氯氰菊酯乳油、20%氰戊菊酯乳油1500~3000倍液、5%氟啶脲乳油或10%吡虫啉可湿性粉剂、48%毒死蜱乳油、40%辛硫磷乳油、45%马拉硫磷乳油800~1000倍液等，单用、混用或其复配剂均可。兼对吉丁虫等枝干害虫有防治作用。

62 六星黑点蠹蛾（图2-62-1至图2-62-3）

属鳞翅目木蠹蛾科。又名白背斑蠹蛾、栎干蠹蛾、枣树截干虫、胡麻布蠹蛾、豹纹蠹蛾。

分布与寄主

分布 华东、华中、华南及西南等产区。

寄主 樱桃、柿、核桃、桃、枣、石榴、苹果等果树。

危害特点 幼虫蛀入枝干皮层和髓心部危害，致受害处以上枝条生长衰弱，重者枯死，对树体生长和开花结果影响较大。

形态诊断 成虫：雌蛾体长18~30毫米，翅展33~46毫米，体被灰白色鳞片；触角丝状；胸背具近圆形黑斑6个；前翅有10个椭圆形黑斑点，后翅前半部也布较小黑斑；腹部赤褐色，每节均生宽的黑横带，腹部各节有3块黑斑。雄蛾体长18~23毫米，触角双栉齿状，其他特征与雌蛾类似。卵：长椭圆形，长0.9~1毫米，浅黄色。幼虫：体长35~65毫米，头部黑色，大颚黑色发达，前胸板、臀板黄褐至黑褐色；前胸背板前缘有1横脊状突起；胸部浅黄色，背部浅红色，各节具小黑点数个。蛹：长15~29毫米，浅红褐色。

发生规律 多数地区1年发生1代,河南2年完成1代,以幼虫在受害枝干内越冬。陕西4月中旬化蛹,5月中下旬成虫羽化产卵。河南翌年5、6月间幼虫在隧道内化蛹,成虫7月羽化。成虫趋光性强,卵多成堆产在中龄枝干树皮上,每堆100~300粒,卵期15天左右。初孵幼虫爬行迅速,受惊吐丝下垂。幼虫从幼嫩枝芽腋处蛀入枝条髓心处危害,从尖端分段下移,大龄幼虫蛀害木质部及髓心部分,常导致枝干萎蔫枯死,果实脱落。老熟幼虫在隧道里作茧化蛹。羽化时,从羽化孔伸出半截蛹体羽化,蛹皮留在羽化孔处。

防治方法

农业防治 幼虫化蛹至羽化前,及时剪掉干枯的枝条,2~7月发现园内有枯黄枝叶也应及时剪除,集中烧毁。坚持2年可基本控制其危害。

生物防治 小茧蜂在越冬后的幼虫体上可连续繁殖2代,在剪、拾有虫枝条内,常有一定数量寄生蜂,将虫枝分捆立于林地内,让蜂自然扩散,待5月上旬害虫化蛹后,收集虫枝烧毁,消灭虫枝中害虫。

化学防治 在卵孵化盛期,初孵幼虫蛀入枝、干危害前,喷洒3%乙酰甲胺磷或50%杀螟硫磷乳油1000~1500倍液,能收到良好的杀虫效果。在幼虫初蛀入韧皮部时,用40%毒死蜱柴油液(1:9)、50%杀螟硫磷乳油柴油溶液涂虫孔,杀虫率可达100%。

63 薄翅锯天牛(图2-63-1至图2-63-3)

属鞘翅目天牛科。又名中华薄翅天牛、薄翅天牛、大棕天牛。

分布与寄主

分布 除西北、东北少数地区外,全国其他产区均有分布。

寄主 板栗、苹果、山楂、枣、柿、核桃等果树。

危害特点 幼虫于致枝干皮层和木质部内蛀食,隧道走向不规律,内充满粪屑,削弱树势,重者致树枯死。

形态诊断 成虫:体长30~52毫米,宽8.5~14.5毫米,略扁,红褐至暗褐色;头密布颗料状小点和灰黄细短毛,触角丝状;前胸背板密布刻点、颗粒和灰黄短毛,鞘翅扁平,基部宽于前胸,向后渐狭,鞘翅上各具3条纵隆线;后胸腹板被密毛;雌腹末常伸出很长的伪产卵管。卵:长椭圆形,长约4毫米,乳白色。幼虫:体长约70毫米,乳白至淡黄白色;头黄褐大部缩入前胸内;胴部13节,第一节最宽,背板淡黄,中央生一条淡黄纵线;第二至十节背面和四至十节腹面有小颗粒状突起,具3对极小的胸足。蛹:长35~55毫米,初乳白渐变黄褐色。

发生规律 2~3年1代,以幼虫于隧道内越冬。寄主萌动时开始危害,落叶时休眠越冬。6~8月成虫出现。成虫喜于衰弱、枯老树上产卵,卵多产于树皮外伤、缝隙和被病虫侵害之处。幼虫孵化后蛀入皮层，斜向蛀入木质部后再向上或下蛀食，隧道较宽不规则，隧道内充满粪便与木屑。幼虫老熟时多蛀到接近树皮处，蛀椭圆形蛹室于内化蛹。羽化后成虫向外咬圆形羽化孔爬出。

防治方法

农业防治　加强综合管理增强树势，及时去掉衰弱枝、枯死枝集中处理，减少树体伤口。注意伤口涂药消毒保护，以减少成虫产卵。产卵后期刮粗翘皮，消灭卵和初孵幼虫，刮皮后应涂消毒保护剂。用细铁丝插入新鲜的排粪孔，刺杀蛀道内幼虫。

化学防治　①成虫产卵前，在干枝上喷洒40%辛硫磷乳油或20%辛·氰乳油、10%吡虫啉乳油、5%氟虫脲乳油800～1000倍液等。②用注射器向新鲜排粪孔注射上述药液，每孔最多注10毫升，注后用湿泥封孔。

64 黄须球小蠹（图2-64-1，图2-64-2）

为鞘翅目小蠹科。又名核桃小蠹。

分布与寄主

分布　东北地区及河北、河南、山西、陕西、四川等产区。

寄主　核桃。

危害特点　成虫食害核桃树新梢上的芽，受害严重时整枝或整株芽均被蛀食，造成枝条枯死。成虫和幼虫均可在枝条中蛀食，成虫多在枝条内蛀一长16～46毫米的纵向遂道，幼虫沿此纵向隧道向两侧蛀食，与成虫隧道呈"非"字形排列。该虫常与核桃小吉丁虫混合发生，严重影响树体生长。

形态诊断　成虫：体长2.3～3.3毫米，黑褐色，扁圆形。膝状触角，端部膨大呈锤状。头胸交界处有2块三角形黄色绒毛斑。鞘翅上有8条排列均匀的纵条纹。卵：短椭圆形，初产时白色透明，有光泽，后变为乳黄色。幼虫：乳白色，老熟幼虫体长约3.3毫米，椭圆形，弯曲，足退化。蛹：为裸蛹，初为乳白色，后变为褐色。

发生规律　1年发生1代，以成虫在顶芽或叶芽基部的蛀孔内越冬。翌年4月上旬开始活动，多到健芽基部和多年生枝条上蛀食作补充营养。4月中下旬开始产卵，4月下旬到5月上旬为产卵盛期。产卵前，雌虫先在衰弱枝条（特别是核桃小吉丁虫为害枝）的皮层内向上蛀食，形成一条长16～46毫米的母坑道，雌虫边蛀坑道边产卵于母坑道的两侧，每头雌虫产卵约30粒。卵期约15天。幼虫孵化后分别在母坑道两侧向外横向蛀食，形成排列整齐的子坑道，成"非"字形。待两侧的子坑道相接，则枝条即被环剥而枯死。幼虫期40～45天。6月中下旬到7月上中旬，幼虫先后老熟化蛹，蛹期15～20天，羽化出孔。成虫飞翔力弱，多在白天，特别是午后炎热时较活跃，蛀食新芽基部，形成第二个危害高峰，顶芽受害最重，约占63%。1头成虫平均危害3~5个芽后即开始越冬。

防治方法

农业防治　加强综合管理，增强树势，提高抗虫力。根据该虫危害后芽体多数不再萌发，甚至全枝枯死的特点，在春季核桃树发芽后，彻底将没有萌发的虫枝或虫芽剪除，以消灭越冬成虫。越冬成虫产卵前，在树上挂饵枝（可利用上年秋季修剪的枝条）引诱成虫产卵后，集中销毁。当年成虫羽化前，发现生长不良的有虫枝条，及时剪除，以消灭幼虫或蛹。

化学防治　越冬成虫和当年成虫活动期喷洒25%甲萘威可湿性粉剂500倍液、80%敌敌畏乳剂800倍液、50%辛硫磷乳油1000倍液、2.5%溴氰菊酯乳剂4000倍液。

65　星天牛（图2-65-1至图2-65-4）

属鞘翅目天牛科。又名橘星天牛、牛头夜叉、花牯牛、花夹子虫等。

分布与寄主

分布　我国吉林、辽宁、安徽、江西、云南、台湾、河北、山东、河南、江苏、浙江、山西、陕西、甘肃、湖北、湖南、四川、贵州、福建、广东、海南、广西等产区。

寄主　核桃、苹果、梨、无花果、樱桃、木麻黄、杨、柳、榆、刺槐、梧桐、悬铃木、柑橘、枇杷等46种植物。

危害特点　幼虫一般蛀食较大植株的基干木质部，部分树木因蛀食中空。一般天牛羽化后3~4个月，75%以上羽化孔愈合，从外表上难以判断是否曾经受害，实则其木质部因幼虫取食已受到严重破坏，在外力的作用下很容易折断。星天牛更倾向于在树势较弱的植株或受损部位产卵。

形态诊断　成虫：雌成虫体长36~45毫米，宽11~14毫米，触角长超出身体1、2节；雄成虫体长28~37毫米，宽8~12毫米，触角长超身体4、5节。体翅黑色，具金属光泽。头部和身体腹面被银白色和部分蓝灰色细毛，但不形成斑纹。触角第1~2节黑色，其余各节基部1/3处有淡蓝色毛环，其余部分黑色。前胸背板中瘤明显，两侧具尖锐粗大的侧刺突。鞘翅基部密布黑色小颗粒，每鞘翅具大小白斑15~20个，排成5横行，变异很大。卵：长椭圆形，一端稍大，长4.5~6毫米，宽2.1~2.5毫米。初产时为白色，以后渐变为乳白色。幼虫：老熟幼虫呈长圆筒形，略扁，体长40~70毫米，前胸宽11.5~12.5毫米，乳白色至淡黄色。前胸背板前缘部分色淡，其后为1对形似飞鸟的黄褐色斑纹，前缘密生粗短刚毛，前胸背板的后区有1个明显的较深色的"凸"字纹。腹部具2横沟及4列念珠状瘤突。蛹：纺锤形，长30~38毫米，初蛹淡黄色，羽化前各部分逐渐变为黄褐色至黑色。翅芽超过腹部第3节后缘。

本种与光肩星天牛的区别就在于光肩星天牛鞘翅毛斑纯白色，鞘翅肩区有较明显的刻点，肩角较粗糙；中茎弯度较大，中茎与中茎突长之比约1.45，内囊筒长宽比为5：8，受精囊较细长。星天牛中茎总体微弯，端半部侧缘平行，短阔，内囊基部有眉形骨化区，囊筒长圆柱形，等粗，但外端呈瓶口状缢缩，表面被横向整齐排列的骨化微刺。

发生规律 在浙江南部1年发生1代，个别地区3年2代或2年1代，以幼虫在被害寄主木质部内越冬。越冬幼虫于翌年3月以后开始活动，多数幼虫凿成长3.5~4厘米、宽1.8~2.3厘米的蛹室和直通表皮的圆形羽化孔，虫体逐渐缩小，不取食，伏于蛹室内，4月上旬气温稳定到15℃以上时开始化蛹，5月下旬化蛹基本结束。蛹期长短各地不一，台湾10~15天；福建20天左右；浙江19~33天。5月上旬成虫开始羽化，5月底6月上旬为成虫出孔高峰，成虫羽化后在蛹室停留4~8天，待身体变硬后才从圆形羽化孔外出，啃食寄主幼嫩枝梢树皮作补充营养，10~15天后交尾。成虫多在黄昏前活动、交尾、产卵，破晓时候亦较活跃，中午多停息枝端，晚上21：00后及阴雨天亦多静止。卵期7~10天。初孵幼虫首先取食卵壳和韧皮部被黏液侵迹变色部分。几天后在皮下取食新鲜韧皮部，蛀成不规则虫道，内充满虫粪，约30天后开始蛀入木质部，向上或向下达根部形成不规则虫道，常有1~3个进气孔从中排出似锯木屑状的粪便，幼虫期长达10个月，虫道长20~60厘米、宽0.5~2.0厘米，幼虫喜在地面以上20厘米的主干上危害，所以常造成植株枯死。蛹期20~30天。

防治方法

设置诱饵树 诱饵树即天牛嗜食树，作用是诱集天牛而后集中灭杀和处理，降低天牛对目标树种的危害。星天牛的诱饵树种多为其嗜食树种——苦楝，苦楝的有效诱集距离在200米左右，在成虫高峰期引诱的数量占总数量的71.6%。

农业防治 ①及时伐除枯折树木。②在成虫盛发期人工捕杀成虫。③在产卵盛期刮除虫卵。④锤击幼龄幼虫等方法。

生物防治 ①利用益鸟防治。②应用花绒寄甲、川硬皮肿腿蜂等寄生效果可达43.63%。③利用白僵菌防治星天牛，白僵菌对星天牛的平均致死率可达78%以上。

化学防治 ①成虫产卵前，在干枝上喷洒40%辛硫磷乳油或20%辛·氰乳油、10%吡虫啉乳油、5%氟虫脲乳油800~1000倍液等。②用注射器向新鲜排粪孔注射上述药液，每孔最多注10毫升，注后用湿泥封孔或用蘸有毒药的毒签堵塞虫孔。

66 黑蝉（图2-66-1至图2-66-5）

属同翅目蝉科。又名蚱蝉，俗名蚂吱嘹、知了、蜘蟟。

分布与寄主

分布　全国各产区。

寄主　山楂、柿、枣、桃、梨、杏、石榴、苹果、核桃、板栗、柑橘等上百种果树和林木。

危害特点　成虫刺吸枝条汁液，并产卵于一年生枝条木质部内，造成枝条枯萎而死。若虫生活在土中，刺吸根部汁液，削弱树势。

形态诊断　成虫：雌体长40~44毫米，翅展122~125毫米；雄体长43~48毫米，翅展120~130毫米；体黑色有光泽，被金色绒毛；中胸背板宽大，中间高并具有"×"形隆起；翅透明；雄虫腹部有鸣器，作"吱吱"声长鸣，雌虫则无，但有听器。卵：长椭圆形，2.5毫米×0.5毫米，白色。若虫：初孵乳白色，渐至黄褐色，体长30~37毫米；前足开掘式，能爬行。

发生规律　经4~5年完成1代，以卵于被害树枝内及若虫于土中越冬。越冬卵于翌年春孵化，若虫孵化后，潜入土壤中50~80厘米深处，吸食树木根部汁液，在土中生活12~13年。若虫老熟后于6~8月出土羽化，羽化盛期为7月。若虫于夜间出土，高峰时间为20：00~24：00，出土后不久即羽化为成虫。成虫寿命60~70天，栖息于树枝上，夜间有趋光扑火的习性，白天"吱吱"鸣叫之声不绝于耳。产卵于当年生嫩梢木质部内，产卵带长达30厘米左右，产卵伤口深及木质部，受害枝条干缩翘裂并枯萎。

防治方法

农业防治　利用若虫出土附在树干上羽化的习性和若虫可食的特点，发动群众于夜晚捕捉食用。成虫发生期于夜间在园内、外烧草点火，同时摇动树干诱使成虫扑火自焚。在雌虫产卵期，及时剪除产卵萎蔫枝梢，集中烧毁。

化学防治　产卵后入土前，喷洒40%辛硫磷乳油或45%马拉硫磷乳油、50%丙硫磷乳油1000倍液、2.5%溴氰菊酯乳油或10%氯菊酯乳油2000倍液等。

⑥⑦　白星花金龟（图2-67-1至图2-67-4）

属鞘翅目花金龟科。又名白纹铜花金龟、白星花潜、白星金龟子、铜克螂。

分布与寄主

分布　全国各产区。

寄主　柿、桃、核桃、杏、苹果、李、柑橘等果树。

危害特点　成虫主危害花和果实，食花致花腐烂，果实近成熟时昼夜啃食果实，致果肉腐烂。幼虫俗称"蛴螬"，危害果树根系。

形态诊断　成虫：体长17~24毫米，宽9~12毫米，椭圆形，具古铜或青铜色光泽，体表散布众多不规则白绒斑；触角深褐色；前胸背板具不规则白绒斑；前胸背板后角与鞘翅前缘角之间有一个三角片甚显著；鞘翅宽大，近长方形，白绒斑多为横向波浪形；臀板短宽，每侧有3个白绒斑呈三角形排列。

发生规律 1年发生1代，以幼虫于土中越冬。成虫于5月上旬出现，6~7月为发生盛期，白天活动，有假死性，对酒醋味有趋性，飞翔力强，常群聚危害花、果，产卵于土中。幼虫多以腐败物为食，并危害根系。天敌有多种鸟类、深山虎甲、粗尾拟地甲、寄生蜂、寄蝇、寄生菌等。

防治方法 此虫虫源来自多方，应以消灭成虫为主。

农业防治 早、晚张单震落成虫；果园施用腐熟有机肥，减少幼虫的发生。

生物防治 保护利用天敌。

物理防治 在距地面1~1.5米高的树枝上挂细口瓶，瓶里放入2~3个白星花金龟，引诱田间白星花金龟飞到瓶口附近爬行，并掉入瓶中，每亩挂瓶40~50个捕杀效果优异。

化学防治 成虫发生期树上喷洒52.25%蜱·氯乳油或50%杀螟硫磷乳油、45%马拉硫磷乳油1500倍液，或48%哒嗪硫磷乳油1200倍液、20%甲氰菊酯乳油2000倍液。

68 斑须蝽（图2-68-1至图2-68-3）

半翅目蝽科。又名细毛蝽、黄褐蝽、斑角蝽、节须蚁。

分布与寄主

分布 全国各产区。

寄主 枸杞、石榴、核桃、板栗、苹果、梨、桃、山楂、梅、柑橘、杨梅、草莓等。

危害特点 成虫、若虫刺吸寄主植物的嫩叶、嫩茎、果实汁液，造成落蕾、落花，茎叶被害后出现黄褐色小点及黄斑，严重时叶片卷曲，嫩茎凋萎，影响生长发育。

形态诊断 成虫：体长8~13.5毫米，宽5.5~6.5毫米。椭圆形，黄褐或紫色，密被白色绒毛和黑色小刻点。复眼红褐色。触角5节，黑色，第一节、第二至四节基部及末端及第五节基部黄色，形成黄黑相间。喙端黑色，伸至后足基节处。前胸背板前侧缘稍向上卷，呈浅黄色，后部常带暗红。小盾片三角形，末端钝而光滑，黄白色。前翅革片淡红褐或暗红色，膜片黄褐，透明，超过腹部末端。侧接缘外露，黄黑相间。足黄褐至褐色，腿节、胫节密布黑刻点。卵：筒形，长1~1.1毫米，宽0.75~0.8毫米。初时浅黄，后变赭灰黄色。若虫：共5龄。1龄卵圆形，腹部背面中央和侧缘具黑色斑块。2龄第四、五、六腹节背面各具1对臭腺孔。3龄中胸背板后缘中央和后缘向后稍伸出。4龄腹部淡黄褐色至暗灰褐色，小盾片显露。5龄体椭圆形，黄褐至暗灰色，小盾片三角形。

发生规律 吉林1年1代，辽宁、内蒙古、宁夏2代，江西3~4代。以成虫在杂草、枯枝落叶、植物根际、树皮裂缝及屋檐下越冬。内蒙古越冬成虫4月初开始活动，4月中旬交尾产卵，4月末5月初卵孵化。第一代成虫6月初羽化，6月中旬产卵盛期，第二代卵于6月中下旬至7月上旬孵化，8月中旬成虫羽化，10月上旬陆续越冬。江西越冬成虫3月中旬开始活动，3月末4月初交尾产卵，4月初至5月中旬若虫出现，5月下旬至6月下旬第一代成虫出现。第二代若虫期为6月中旬至7月中旬，7月上旬至8月中旬为成虫期。第三代若虫期为7月中下旬至8月上旬，成虫期8月下旬开始。第四代若虫期9月上旬至10月中旬，成虫期10月上旬开始，10月下旬至12月上旬陆续越冬。第一代卵期8~14天；若虫期39~45天；成虫寿命45~63天。第二代卵期3~4天，若虫期18~23天，成虫寿命38~51天，第三代卵期3~4天，若虫期21~27天，成虫寿命52~75天。第四代卵期5~7天，若虫期31~42天，成虫寿命181~237天。成虫一般在羽化后4~11天开始交尾，交尾后5~16天产卵，产卵期25~42天。雌虫产卵于叶背面，20~30粒排成一列。

防治方法

农业防治 清除园内杂草及枯枝落叶并集中烧毁，以消灭越冬成虫。

化学防治 于若虫危害期喷洒50%马拉硫磷乳油或52.25%蚜·氯乳油1500倍液、50%丙硫磷乳油或90%晶体敌百虫800~1000倍液、2.5%溴氰菊酯乳油或20%甲氰菊酯乳油3000倍液。

(69) **黑绒金龟**（图2-69-1至图2-69-4）

属鞘翅目金龟科。又名东方金龟子、天鹅绒金龟子、姬天鹅绒金龟子、黑绒鳃金龟。

分布与寄主

分布 除西藏未见报道外，其他各产区均有分布。

寄主 山楂、桃、杨、苹果、核桃等近150种植物。

危害特点 成虫食害寄主的嫩叶、芽及花；幼虫危害地下根系。

形态诊断 成虫：体长7~8毫米，宽4.5~5毫米；雄虫略小于雌虫，体卵圆形，前狭后宽；体褐色至黑色；体表具丝绒般光泽，故称天鹅绒金龟子；触角鳃叶状；前胸背板宽为长的2倍。卵：椭圆形，长1.2毫米，乳白色。幼虫：体长14~16毫米，头部黄褐色，体黄白。蛹：长8毫米，黄褐色。

发生规律 1年发生1代，以成虫在土中越冬。4月中下旬出土，5月初6月上旬为发生盛期。成虫夜间和上午潜伏在地势高燥的草荒地中，下午出土，群集危害，喜食寄主的幼嫩部分。有趋光性和假死性，飞翔力较强。6月为产卵盛期，卵散产于植物根际10~20厘米深的表土层中。卵期5~10天，6月中旬幼虫孵化食害根系。8月中下旬老熟幼虫潜入地下20~30厘米处作土室化蛹，并在其中羽化越冬。

防治方法

农业防治　冬春季深翻园地，利用低温和鸟食消灭地下越冬成虫。利用其假死性，震落扑杀成虫。

物理防治　用黑光灯诱杀成虫。

化学防治　用10%辛硫磷颗粒剂处理土壤，杀灭土壤中的幼虫。在成虫发生期于下午16：00后，叶面喷洒10%氯氰菊酯乳油2000倍液或2.5%溴氰菊酯乳油2500~3000倍液、5%顺式氰戊菊酯乳油2000~4000倍液、2%杀螟硫磷可湿性粉剂或5%氟啶脲乳油1000~1200倍液等。

70 梨刺蛾（图2-70-1，图2-70-2）

属鳞翅目刺蛾科。又名梨娜刺蛾。危害植物的芽、叶。

分布与寄主

分布　全国各产区。

寄主　梨、苹果、桃、李、杏、樱桃、枣、核桃、柿等果树及杨树等90多种植物。

危害特点　幼虫啃食芽和叶片，将其啃吃成很多孔洞、缺刻或仅留叶柄、主脉，严重影响树势和果实产量。

形态诊断　成虫：体长14~16毫米，翅展29~36毫米，黄褐色；雌虫触角丝状，雄虫触角羽毛状；胸部背面有黄褐色鳞毛；前翅黄褐色至暗褐色，外缘为深褐色宽带，前缘有近似三角形的褐斑；后翅褐色至棕褐色；缘毛黄褐色。卵：扁圆形，白色，数十粒至百余粒排列成块状。幼虫：老熟幼虫体长22~25毫米，暗绿色；各体节有4个横列小瘤状突起，其上生刺毛。其中前胸、中胸和第六、第七腹节背面的瘤突较大且刺毛较长，形成枝刺，伸向两侧，黄褐色。蛹：黄褐色，体长约12毫米。

发生规律　1年发生1代，以老熟幼虫在土中结茧，以前蛹越冬，翌春化蛹，7~8月份出现成虫；成虫昼伏夜出，有趋光性，产卵于叶片上。幼虫孵化后取食叶片，发生盛期在8~9月份。幼虫老熟后从树上爬下，入土结茧越冬。在正常管理的果园，梨刺蛾的发生数量一般不大，在管理粗放的梨园，有时发生较多。

防治方法

农业防治　①结合整枝、修剪、除草和冬季清园、松土等，清除枝干上、杂草中的越冬虫体，破坏地下的蛹茧，以减少越冬虫源。②利用成蛾趋光习性，结合防治其他害虫，在6~8月成虫发生盛期，设诱虫灯、糖醋液盆等诱杀成虫。③

幼虫群集危害期人工捕杀。

生物防治 秋冬季摘虫茧，放入纱笼，保护和引放寄生蜂；用每克含孢子100亿的白僵菌粉0.5～1千克，在雨湿条件下防治1～2龄幼虫。

化学防治 幼虫孵化盛期及时喷洒90%晶体敌百虫或50%马拉硫磷乳油、25%亚胺硫磷乳油、50%杀螟硫磷乳油、30%乙酰甲胺磷乳油等900～1000倍液；还可选用50%辛硫磷乳油1400倍液或10%联苯菊酯乳油5000倍液、2.5%鱼藤酮300～400倍液、52.25%蜱·氯乳油1500～2000倍液等。

71 栗六点天蛾（图2-71-1）

属鳞翅目天蛾科。

分布与寄主

分布 东北、北京、河北、河南、华南、湖南、海南、台湾等地。

寄主 板栗、栎、核桃等。

危害特点 幼龄幼虫将叶片吃成孔洞或缺刻，随虫龄增大常将叶片吃掉大半甚至吃光。

形态诊断 成虫：体翅淡褐色，从头到尾端有一条暗褐色的背线；前翅各线呈不明显的暗褐色条纹，后角内前方有2个暗褐色圆斑；后翅后角有1个暗褐色圆斑。翅展100～130毫米。鉴定特征是前翅外侧呈锯齿状，齿突突尖呈直线排列。

发生规律 成虫昼伏夜出，有趋光性。低、中海拔地区较多发生。

防治方法

农业防治 冬春深翻树盘，利用低温或鸟食消灭土中越冬蛹。幼虫发生期经常检查，发现危害及时捕捉消灭。

物理防治 成虫发生期设置黑光灯诱杀成虫。

化学防治 在幼虫初孵期及时喷洒48%哒嗪硫磷乳油或50%杀螟硫磷乳油、70%马拉硫磷乳油1000倍液、20%氰戊菊酯乳油3000～3500倍液、52.25%蜱·氯乳油1500倍液等。

72 绿盲蝽（图2-72-1至图2-72-4）

属半翅目盲蝽科。又名花叶虫、小臭虫、棉青盲蝽、青色盲蝽、破叶疯、天狗蝇等。

分布与寄主

分布 全国各产区。

寄主 葡萄、石榴、核桃、桃、草莓、桑、棉花、麻类、苹果、梨、杏、

李、梅、山楂等。

危害特点 成虫、若虫刺吸寄主汁液，受害初期叶面呈现黄白色斑点，渐扩大成片，成黑色枯死斑，造成大量破孔、皱缩不平的"破叶疯"。孔边有一圈黑纹，叶缘残缺破烂，叶卷缩畸形，叶早落。严重时腋芽、生长点受害，造成腋芽丛生。

形态诊断 成虫：体长5毫米，宽2.2毫米，绿色，密被短毛。头部三角形，黄绿色，复眼黑色突出，无单眼，触角4节丝状，较短，约为体长2/3，第二节长等于三、四节之和，向端部颜色渐深，第一节黄绿色，第四节黑褐色。前胸背板黄绿色，布许多小黑点，前缘宽。小盾片三角形微突，黄绿色，中央具1浅纵纹。前翅膜片半透明暗灰色，余绿色。足黄绿色，胫节末端、跗节色较深，后足腿节末端具褐色环斑，雌虫后足腿节较雄虫短，不超腹部末端，跗节3节，末端黑色。卵：长1毫米，黄绿色，长口袋形，卵盖奶黄色，中央凹陷，两端突起，边缘无附属物。若虫：共5龄，与成虫相似。初孵时绿色，复眼桃红色；2龄黄褐色；3龄出现翅芽；4龄翅芽超过第一腹节；5龄后全体鲜绿色，密被黑色细毛，触角淡黄色，端部色渐深。

发生规律 北方1年发生3~5代，山西运城4代，陕西、河南5代，江西6~7代，以卵在树皮裂缝、树洞、枝杈处及近树干土中越冬。翌春3~4月，旬均温高于10℃或连续日均温达11℃，相对湿度高于70%，卵开始孵化。成虫寿命长，产卵期30~40天，发生期不整齐。成虫飞行力强，喜食花蜜，羽化后6、7天开始产卵。非越冬代卵多散产在嫩叶、茎、叶柄、叶脉、嫩蕾等组织内，外露黄色卵盖，卵期7~9天。以春、秋两季受害重。主要天敌有寄生蜂、草蛉、捕食性蜘蛛等。

防治方法

农业防治　冬春清理园中枯枝落叶和杂草，刮刷树皮、树洞，消除寄主上的越冬卵。

化学防治　于3月下旬至4月上旬越冬卵孵化期，4月中下旬若虫盛发期及5月上中旬初花期3个关键期喷洒20%氰戊菊酯乳油2500倍液或48%哒嗪硫磷乳油1500倍液、52.25%蜱·氯乳油2000倍液。

---

(73) **天幕毛虫**（图2-73-1至图2-73-7）

属鳞翅目枯叶蛾科。又名黄褐天幕毛虫、梅毛虫、天幕枯叶蛾、带枯叶蛾。

分布与寄主

分布　全国各产区。

寄主　苹果、山楂、樱桃、桃、杏、核桃、梨、梅等果树。

危害特点 初孵化幼虫群集于一枝，吐丝结成网幕，食害嫩芽、叶片，随生长渐下移至粗枝上结网巢，白天群栖巢上，夜出取食，严重时将全树叶片吃光。

形态诊断 成虫：雌体长18~22毫米，翅展37~43毫米，黄褐色；触角栉齿状；前翅中部有一条赤褐色宽横带，其两侧有淡黄色细线；雄体略小，触角双栉齿状，前翅中部有2条深褐色横线，两线间色稍深。卵：圆筒形，灰白色，200~300粒卵环结于小枝上黏结成一圈呈"顶针"状。幼虫：体长50~55毫米，头蓝色，有2个黑斑，体上有十多条黄、蓝、白、黑相间的条纹。蛹：椭圆形，体上有淡褐色短毛。茧：黄白色，表面附有灰黄粉。

发生规律 1年发生1代，以幼虫在卵壳中越冬，翌年树芽膨大，日均温达11℃时幼虫钻出，先在卵附近的芽及嫩叶上危害，后转到枝杈上吐丝结网成天幕，于夜间出来取食。4龄后分散全树，暴食叶片。幼虫期45天左右，成虫有趋光性。成虫产卵于小枝上。天敌主要有赤眼蜂、姬蜂、绒茧蜂等。

防治方法

农业防治 冬春季彻底剪除枝梢上越冬卵块。幼虫发生期发现幼虫群集天幕及时消灭。

生物防治 为保护卵寄生蜂，将卵块放天敌保护器中，使卵寄生蜂羽化飞回果园。

化学防治 幼虫初孵期施药是关键，可喷洒52.25%蜱·氯乳油2000倍液、50%杀螟硫磷乳油或50%马拉硫磷乳油1000倍液、2.5%氯氟氰菊酯乳油或2.5%溴氰菊酯乳油3000倍液、10%联苯菊酯乳油4000倍液等。

(74) 枣飞象（图2-74-1，图2-74-2）

属鞘翅目象甲科。又名食芽象甲、大谷月象、枣芽象甲、小灰象鼻虫。

分布与寄主

分布 全国各产区。

寄主 枣、苹果、梨、核桃等果树。

危害特点 成虫食芽、叶，常将核桃树嫩芽吃光，第二、三批芽才能长出枝叶来，推迟生育，削弱树势，降低产量与品质。幼虫生活于土中，危害植物地下部组织。

形态诊断 成虫：体长4~6毫米，长椭圆形，体黑色，被白、土黄、暗灰等色鳞片，体呈深灰至土黄灰色，腹面银灰色；头宽，喙短粗、宽略大于长，背面中部略凹；触角膝状11节，着生在头管近前端；前胸宽略大于长，两侧中部圆突；鞘翅长2倍于宽，近端部1/3处最宽，末端较狭，两侧包向腹面，鞘翅上各有纵刻点列9~10行。卵：椭圆形，0.6毫米×0.4毫米，初乳白渐至黑褐色。幼虫：体长5~7毫米，头淡褐色，体乳白色，各节多横皱略弯曲，无足，前胸背面淡黄色。蛹：长4~6毫米，略呈纺锤形，乳白至红褐色。

发生规律 1年发生1代，以幼虫于5~10厘米深土中越冬。3月下旬越冬幼虫开始上移到表土层活动、危害，4月上旬至5月上旬老熟化蛹，蛹期12~15天。4月下旬至5月上旬成虫羽化，经4~7天出土，成虫寿命20~30天，危害至6月上旬，成虫多沿树干爬上树危害，以10：00~16：00高温时最为活跃，可作短距离飞翔，早晚低温或阴雨刮风时，多栖息在枝杈处和枣股基部不动，受惊扰假死落地。卵产于枝干皮缝和枣股脱落后的枝痕内，数粒成堆产在一起。产卵期5月上旬至6月上旬，卵期20天左右，5月中旬陆续孵化落地入土，危害至秋后做近圆形土室于内越冬。

防治方法

农业防治 成虫出土前树干周围铺塑料薄膜，周围用土压实，将土中羽化成虫闷死于地下；成虫上树后，树下铺塑料布，早、晚震落搜集成虫捕杀之。

土壤处理 4月下旬成虫开始出土上树时，用25%辛硫磷胶囊剂200~300倍液，喷洒树干及干基部60~90厘米地面，树干喷药至淋洗状态，或撒5%辛硫磷颗粒剂，每株成树撒100~150克，撒后浅耙表土使土药混匀，毒杀上树成虫效果好且省工。该措施做得好，基本可控制此虫危害。

化学防治 成虫危害期树冠上可喷洒90%晶体敌百虫或50%辛硫磷乳油1000~1500倍液、5.7%氟氯氰菊酯乳油3000倍液、10%醚菊酯乳油2000倍液等防治。

⑦⑤ 樟蚕（图2-75-1至图2-75-5）

属鳞翅目大蚕蛾科。又名天蚕、枫蚕、渔丝蚕等。

分布与寄主

分布 除西北、西南少数地区外，全国其他各产区均有分布。

寄主 核桃、樟树、板栗、银杏、枫树等林木和果树。

危害特点 以幼虫啃食叶片，低龄幼虫啃食叶肉，仅留表皮，随虫龄增大，食量大增，食叶成缺刻或仅剩下叶柄和主脉，严重时可将叶片全部吃光。

形态诊断 成虫：体长32~35毫米，翅展100~115毫米，翅灰褐色，翅近中部各有1个眼状纹，后翅臀角圆钝。卵：椭圆形，长1.7毫米，宽1.1毫米，初乳白略显微蓝色渐至浅灰黑色，幼虫：雌虫体长95~100毫米，雄虫体长75~80毫米；体黄绿色，背线、亚背线、气门线黄色，体被黄刺。茧：丝质网状，红褐色。

发生规律 1年发生1代，以蛹在枝干分杈处及树皮缝隙等处结茧越冬。翌年成虫羽化期：广东1月上旬至2月中旬；福建2月上旬至3月上旬；浙江3月上旬至4月上旬。成虫羽化最适温度为16~17℃。成虫有强趋光性，飞翔力弱。卵块产于枝干上，几十粒至百余粒单层整齐排列，上被黑色绒毛。卵期20天。2~4月间幼虫相继活动，1~3龄幼虫群集取食，4龄以后分散危害，5月下旬至7月下旬幼虫陆续老熟结茧化蛹。幼虫期约80天、经8个龄期：1龄幼虫体黑色，头上丛生长而细的白毛，各环节的背面及体侧着生很多圆柱状瘤状突起，突起上生数根细毛；2龄起体转青色，头部为黑色，背线、亚背线、气门上线及气门下线均为深蓝色，突起上生有硬刺；3龄体上具有稀少的小黑点；7龄体背面变黄色，腹面青色；8龄瘤状突起上的硬刺均集团向上，柔软而光泽，且失去分泌毒汁刺人的能力，老熟时全体略透明，浅青色，老熟后吐丝在树干上结茧。

防治方法

农业防治　利用该虫蛹期长、结茧密集的特点，于冬春季组织人力将茧从树上撕下，脚踩、深埋、喂养家禽或烧毁。

物理防治　于成虫羽化盛期的2~3月间用黑光灯诱杀成虫。

生物防治　雨季初期，喷洒白僵菌制剂，杀虫效果良好。

化学防治　卵孵化盛期及低龄幼虫期（1~4龄）防治是关键。①果园熏烟。用741敌敌畏插管烟剂于早晚静风时，在果园内释放，效果较好。②叶面喷药。可喷洒20%除虫脲悬浮剂2000倍液或90%晶体敌百虫乳剂500~800倍液、40%辛硫磷乳油1000倍液、20%二嗪磷乳油1500倍液、5%氟氯氰菊酯乳油2500~3000倍液、80%氟丙菊酯乳油3000~4000倍液等。

76　扁刺蛾（图2-76-1至图2-76-7）

属鳞翅目刺蛾科。又名黑点刺蛾、黑刺蛾。

分布与寄主

分布　全国各产区。

寄主　柿、桃、核桃、杏、石榴、苹果、柑橘等果树。

危害特点　初孵幼虫群集叶背啃食叶肉，使叶片仅留透明的上表皮。随虫龄增大，食叶成空洞和缺刻，重者食光叶片。

形态诊断　成虫：体长13~18毫米，翅展28~35毫米；体暗灰褐色，腹面及足色较深；触角雌丝状，雄羽状；前翅灰褐稍带紫色，中室外侧有1条明显的暗斜纹，自前缘近顶角处向后缘斜伸；雄蛾中室上角有1个黑点；后翅暗灰褐色。卵：扁平椭圆形，长1.1毫米，淡黄绿至灰褐色。幼虫：体长21~26毫米，宽16毫米，体扁，椭圆形，背部稍隆起，形似龟背；全体绿色、黄绿色或淡黄色，背线白色；体边缘有10个瘤状突起，其上生有长刺毛，第四节背面两侧各有1个红点。蛹：长10~15毫米，近椭圆形，乳白至黄褐色。茧：椭圆形，长12~16毫米，紫褐色。

发生规律　1年发生1~3代，以老熟幼虫在树下3~6厘米土层内结茧以前蛹越冬。1代区6月上旬羽化、产卵，6月中旬至9月上中旬幼虫发生危害。2~3代区

5月中旬至6月上旬羽化；第一代幼虫5月下旬至7月中旬发生；第二代幼虫7月下旬至9月中旬发生；第三代幼虫9月上旬至10月发生，均以老熟幼虫入土结茧越冬。卵多散产于叶面上，卵期7天左右。低龄幼虫啃食叶肉，留下一层表皮，大龄幼虫取食全叶，虫量多时，常从枝的下部叶片吃至上部，每枝仅存顶端几片嫩叶。

防治方法

农业防治　冬春季耕翻树盘，利用低温和鸟食消灭土中越冬的虫茧。

生物防治　喷洒青虫菌6号悬浮剂1000倍液，杀虫保叶。

化学防治　卵孵化盛期和低龄幼虫期喷洒30%杀虫双水剂1500～2000倍液或80%杀螟丹可溶性粉剂2000倍液、50%辛硫磷乳油或45%马拉硫磷乳油1000倍液、5%顺式氰戊菊酯乳油2000倍液等。

77　褐刺蛾（图2-77-1至图2-77-7）

属鳞翅目刺蛾科。又名桑褐刺蛾、桑刺毛虫。

分布与寄主

分布　除东北、西北少数地区外，全国各产区都有分布。

寄主　樱桃、桃、梨、柿、核桃、栗、葡萄、茶、桑、柑橘、白杨等。

危害特点　初孵幼虫取食叶肉，仅残留透明的表皮，随虫龄增大食叶仅残留叶脉。

形态诊断　成虫：体长1.5～1.8厘米，翅展3.1～3.9厘米，身体土褐色至灰褐色。前翅前缘近2/3处至近肩角和近臀角处，各具1暗褐色弧形横线，两线内侧衬影状带，外横线较垂直，外衬铜斑不清晰，仅在臀角呈梯形；雌蛾体上斑纹较雄蛾浅。卵：扁椭圆形，黄色，半透明。幼虫：成龄体长3.5厘米左右，黄色，背线天蓝色，各节在背线前后各具1对黑点，亚背线各节具1对突起，其中后胸及第一、五、八、九腹节突起最大。茧：灰褐色，椭圆形。

发生规律　1年发生2～4代，以老熟幼虫在树干附近土中结茧越冬。3代区成虫分别在5月下旬、7月下旬、9月上旬出现，成虫夜间活动，有趋光性，卵多成块产在叶背，每雌产卵300多粒，幼虫孵化后在叶背群集并取食叶肉，半月后分散危害，取食叶片。老熟后入土结茧化蛹。

防治方法

农业防治　①处理幼虫危害叶和灭茧。多种刺蛾如丽绿刺蛾、黄刺蛾等的幼龄幼虫多群集取食，被害叶显现白色或半透明的表皮，很容易发现。此时斑块附近常栖有大量幼虫，及时摘除带虫枝、叶，加以处理，效果明显。褐刺蛾、丽绿刺蛾等的老熟幼虫常沿树干下行至树基部或地面结茧，可采取树干绑草等方法诱其结茧及时予以清除。②清除越冬虫茧。刺蛾越冬茧期长达7个月以上，此期果园作业较空闲，可根据不同刺蛾越冬场所之异同采用敲、挖、剪除等方法清除虫茧。

物理防治　利用刺蛾成虫具有较强趋光性特性，在成虫羽化期于19：00～21：00用灯光诱杀。

生物防治　利用刺蛾天敌防治，如刺蛾紫姬蜂、广肩小蜂、上海青蜂、爪哇刺蛾姬蜂、健壮刺蛾寄蝇等。

化学防治　在刺蛾低龄幼虫期防治效果好，有效药剂有90%晶体敌百虫1500倍液、50%马拉硫磷乳油2000倍液、2.5%溴氰菊酯乳油3000倍液、20%氰戊菊酯乳油3000倍液、50%杀螟硫磷乳油、40%辛硫磷乳油1500～2000倍液、25%甲萘威可湿性粉剂700倍液等叶面喷洒防治。

78　麻皮椿（图2-78-1至图2-78-6）

属半翅目蝽科。又名黄霜蝽、黄斑蝽、麻皮椿象、臭屁虫。

分布与寄主

分布　全国各产区。

寄主　枣、梨、石榴、核桃、柑橘等果树。

危害特点　成虫、若虫刺吸寄主植物的嫩茎、嫩叶和果实汁液。叶片和嫩茎被害后，出现黄褐色斑点，叶脉变黑，叶肉组织颜色变暗，重者导致叶片提早脱落、嫩茎枯死；果实被害，果面呈现黑褐色麻点。

形态诊断　成虫：体长18～24.5毫米，宽8～11.5毫米，密布黑色点刻，背部棕褐色；前胸背板、小盾片、前翅革质部布有不规则细碎黄色凸起斑纹；前翅膜质部黑色；腹面黄白色；头部稍狭长，前尖；触角5节黑色丝状。卵：近鼓状，顶端具盖，白色。若虫：初龄若虫胸、腹背面有许多红、黄、黑相间的横纹；2龄若虫腹背前面有6个红黄色斑点，后面中间有一椭圆形褐色凸起斑；老熟若虫与成虫相似，红褐或黑褐色，触角4节黑色；前胸背板中部及小盾片两侧角具6个淡红色斑点；腹背中部具暗色斑3个，上各有淡红色臭腺孔2个。

发生规律　1年发生1代，以成虫于草丛或树洞、树皮裂缝及枯枝落叶下、墙缝、屋檐下越冬。翌春果树发芽后开始活动，5～7月交配产卵，卵多产于叶背，数粒或数十粒黏在一起，卵期约10天，5月中旬见初孵若虫，7～8月羽化为成虫危害至深秋，10月开始越冬。成虫飞行力强，喜在树体上部活动，有假死性，受惊时分泌臭液。

防治方法

农业防治　冬春季清除园地枯叶杂草，集中烧毁或深埋。成虫、若虫危害期，掌握在成虫产卵前，于清晨震落捕杀。

化学防治　成虫产卵期和若虫期喷洒25%溴氰菊酯乳油2000倍液或10%氯

菊酯乳油1000~1500倍液、40%辛硫磷乳油600~1000倍液、10%乙氰菊酯乳油800~1000倍液等。

79 小绿叶蝉（图2-79-1，图2-79-2）

属同翅目叶蝉科。又名桃叶蝉、桃小叶蝉、桃小绿叶蝉、桃小浮尘子等。

分布与寄主

分布　全国各产区。

寄主　桃、柿、梨、苹果、杏、核桃、葡萄、樱桃、柑橘等果树。

危害特点　成虫、若虫刺吸寄主汁液，被害叶初现黄白色斑点，渐扩大成片，严重时全叶苍白早落。

形态诊断　成虫体长3.3~3.7毫米，淡黄绿至绿色，复眼灰褐至深褐色，触角刚毛状；前胸背板、小盾片浅鲜绿色，常具白色斑点；前翅半透明，淡黄白色，周缘具淡绿色细边，后翅透明膜质；各足胫节端部以下淡青绿色，爪褐色；后足跳跃式；腹部背板色较腹板深，末端淡青绿色。卵：长椭圆形，0.6毫米×0.15毫米，乳白色。若虫：体长2.5~3.5毫米，与成虫相似。

发生规律　1年发生4~6代，以成虫在落叶、杂草或低矮绿色植物中越冬。翌年春桃、李、杏发芽后出蛰，飞到树上刺吸汁液。卵多产在新梢或叶片主脉里，卵期5~20天，若虫期10~20天，非越冬成虫寿命30天；完成一个世代40~50天。因发生期不整齐致世代重叠，6月虫口数量增加，8~9月最多且危害重，秋后以成虫越冬。成虫、若虫喜欢白天活动在叶背刺吸汁液或栖息。成虫善跳，可借风力扩散，旬均温15~25℃适其生长发育，28℃以上及连阴雨天气虫口密度下降。

防治方法

农业防治　冬春季清除园内落叶及杂草，减少越冬虫源。

化学防治　越冬代成虫迁入后，各代若虫孵化盛期及时喷洒40%辛硫磷乳油1500倍液或10%吡虫啉可湿性粉剂2500倍液、50%马拉硫磷乳油1500倍液、20%噻嗪酮乳油1000倍液、2.5%溴氰菊酯乳油或10%溴氟菊酯乳油2000倍液、50%抗蚜威超微可湿性粉剂3000~4000倍液防治。

80 黑翅土白蚁（图2-80-1至图2-80-9）

属等翅目白蚁科。

分布与寄主

分布　黄河以南及西南各产区。

寄主　枣、柿、核桃、板栗、茶、柑橘等果树。

危害特点 白蚁营巢于土中，取食树木的根茎部，并在树木上修筑泥被，啃食树皮，也能从伤口侵入木质部危害。苗木受害后常枯死，成年树被害后生长不良。此外，还危及堤坝安全。

形态诊断 有翅繁殖蚁：体长12~18毫米，头、胸、腹背面黑褐色，翅暗褐色，触角19节，全身密被细毛，前胸背板中央有1个淡色"十"字形纹。卵：乳白色，椭圆形，长径0.6毫米。兵蚁：体长5~6毫米，头暗黄色，胸、腹部淡黄色至灰白色；头部毛稀疏，胸腹部毛较密集。工蚁：体长5~6毫米，头黄色，胸、腹部灰白色。

发生规律 筑巢地下，危害树木时一般先取食树干表皮和木栓层，后期才向木质部深入。5~6月及9月有两个危害高峰，7~8月则在早、晚和雨后活动。每年4月底、5月初在蚁巢附近出现成群的圆锥形突起分飞孔，相对湿度95%以上的闷热天气或大雨后，有翅繁殖蚁从分飞孔飞出，脱翅并雌雄配对后钻入地下建立新巢，成为新蚁巢的蚁后和蚁王，有些位于浅土层的幼龄巢和菌圃腔，在6~8月连降暴雨后，地面上会长出鸡枞菌，可作为确定蚁巢的标志。蚁巢由小到大，一个大巢群内白蚁达200万头以上，兵蚁保卫蚁巢，工蚁担负采食、筑巢和抚育幼蚁等工作，蚁王和蚁后匿居蚁巢内繁殖后代。工蚁在树干上取食时，做泥线或泥坡，可高达数米，形成泥套，这是白蚁危害的重要特征。

防治方法

农业防治 清理杂草、朽木和树根，减少白蚁食料。

物理防治 在白蚁分飞季节用黑光灯诱杀。白蚁诱杀包诱杀。每亩放置15~25个，经2~3个月，蚁巢可被消灭。

化学防治 ①开沟灌药液灭蚁。于树干四周开沟，灌入10%氯氰菊酯乳油或20%氰戊菊酯乳油、10%甲氰菊酯乳油、48%哒嗪硫磷乳油、50%辛硫磷乳油等150~500倍液，然后覆土。②蚁巢灌药。发现蚁巢，用上述药液灌入巢内，每巢1~20千克，杀蚁效果好。

⑧ 美国白蛾（图2-81-1至图2-81-6）

属鳞翅目灯蛾科。国内外重要的检疫对象。

分布与寄主

分布 全国许多产区。

寄主 柿、桃、核桃、枣、杏、苹果、山楂、李、石榴、梨等200多种植物。

危害特点 以幼虫群集结网，并在网内食害叶肉，残留表皮。网幕随幼虫龄期增长而扩大，长的可达1.5米以上。幼虫5龄后出网分散危害，严重时整株叶片被吃光。

形态诊断　成虫：体长12~17毫米，白色；雄虫触角双栉齿状，黑色；越冬代成虫前翅上有较多的黑色斑点，第一代成虫翅面上的斑点较少；雌虫触角锯齿状，前翅翅面很少有斑点。卵：近球形，直径0.57毫米，灰褐色。幼虫：体长28~35毫米；头黑色具光泽，体色黄绿色至灰黑色，变化较大，背部两侧线之间有1条灰褐色宽纵带；背部毛瘤黑色，体侧毛瘤橙黄色，毛瘤上生有灰白色长毛。蛹：长8~15毫米，暗红色。

发生规律　1年发生2代，以蛹于茧内在枯枝落叶中、墙缝、表土层、树洞等处越冬。翌年5月上旬出现成虫。第一代幼虫发生期6月上旬至7月下旬，第二代幼虫发生期8月中旬至9月中旬。成虫常300~500粒成块产卵于叶片背面，单层排列，卵期约7天，幼虫孵化后短时间即吐丝结网，群集网内危害，4龄后分散危害，幼虫期35~42天；幼虫老熟后下树寻找适宜场所结薄茧化蛹越冬。

防治方法

农业防治　①加强检疫工作，防止白蛾由疫区传入，做到早投入、早准备、早报告、早除治。②人工剪除网幕。在美国白蛾网幕期，人工剪除网幕，并就地销毁，是一项无公害、效果好的防治方法。③人工挖蛹。美国白蛾化蛹时，采取人工挖蛹的措施，可以取得较好防治效果。④草把诱集。根据老熟幼虫下树化蛹的特性，于老熟幼虫下树前，在、树干处，用谷草、稻草等织成草帘围成下紧上松的草把，诱集老熟幼虫集中化蛹，虫口密度大时每隔1周换1次，解下草把连同老熟幼虫集中销毁。

物理防治　①在各代成虫期，利用美国白蛾成虫趋光性，悬挂杀虫灯诱杀成虫。②用性信息激素防治。当虫株率低于5%时，在美国白蛾成虫期，按50米距离和2.5~3.5米高度，设置性信息素诱捕器，诱杀美国白蛾雄蛾。

生物防治　利用美国白蛾的天敌周氏啮小蜂防治，最佳时期是白蛾老熟幼虫至化蛹期，选择晴朗天气的10：00~16：00放蜂，间隔7~10天再放第二次，防治效果最好。

化学防治　防治的关键时期是第一代幼虫发生期和其他各代幼虫发生初期。可喷洒50%杀螟硫磷乳油1000倍液或90%晶体敌百虫1000~1500倍液、20%氰戊菊酯乳油3000倍液、20%辛·阿维乳油1000倍液、20%除虫脲悬浮剂4000~5000倍液、25%灭幼脲悬浮剂1500~2500倍液等。

第 **3** 章

果园主要杂草识别与防治

01 葎草（图3-1-1至图3-1-3）

桑科葎草属，一年生或多年生缠绕草本杂草。又名勒草、拉拉藤、拉拉秧。除新疆和青海外，全国各地均有分布。也是棉红蜘蛛、绿盲蝽、棉叶蝉、双斑萤叶蝉等害虫的寄主。

形态识别 种子繁殖。子叶带状，长3～3.8厘米，宽0.4厘米，先端急尖，全缘，有1条明显中脉。下胚轴发达，紫红色，上胚轴很短，密被短柔毛。初生叶2片，对生，卵形，3深裂，每裂片有锯齿。成株茎、枝和叶柄都有倒生的皮刺。叶纸质，通常对生，具长柄，叶片掌状深裂，裂片5～7裂，边缘有粗锯齿，两面有粗硬毛。花单性，雌雄异株，雄花小，淡黄绿色，排列成长15～25厘米的圆锥花序，花被片和雄蕊各5个，雌花排列成近圆形的穗状花序，每2朵花外具1卵形、有白刺毛的小苞片，花被退化为一全缘的膜质片。瘦果扁圆形，先端具圆柱状突起。黄淮地区3～4月间出苗，春、夏、秋生长，花期7～8月，果期8～9月。耐寒、抗旱、喜肥、喜光。

防治方法 深耕，加强田间管理，结合野生植物的利用在种子成熟前拔除全株。有效除草剂有萘氧丙草胺、草甘膦、灭草松等。

02 藜（图3-2-1，图3-2-2）

藜科藜属，一年生杂草。又名灰条菜、灰菜、灰灰菜。全国各地均有分布，是世界恶性杂草，也是地老虎、棉铃虫、双斑萤叶甲等害虫的寄主。

形态识别 种子繁殖。子叶长椭圆形，长1.4厘米，宽4毫米，先端钝圆，叶基阔楔形，全缘，背面有白色粉粒层，具长柄。下胚轴非常发达，红色；上胚轴亦很发达，具棱条纹，密布白色粉粒。初生叶2片，对生，单叶，三角状卵形，先端急尖，叶缘微波状，叶基戟形，两面均被白色粉粒。成株高60～120厘米。茎直立，粗壮，有棱和绿色或紫红色的条纹，多分枝。叶互生，具长柄；叶片菱状卵形至披针形，边缘有不整齐的浅裂，两面均被白色粉粒，灰绿色。花两性，数个集成团伞花簇，多数花簇排列成腋生或顶生的圆锥状花序，花被片5个，具纵隆背和膜质的边缘，雄蕊5个，柱头2个。胞果完全包于花被内或顶端稍露，果皮薄，紧贴种子，种子双凸镜形，光亮，表面有不明显的沟纹及点洼。黄淮地区9月、10月或春季气温回暖后种子发芽，春夏秋生长，花期8～9月。果期9～10月。

防治方法 合理轮作，全面秋深耕，施用腐熟的农家肥料，适时中耕除草，并在种子成熟前彻底清除园地及田旁隙地的杂草。有效除草剂有甲草胺、异丙甲草胺、乙草胺、敌稗、萘氧丙草胺、西玛津、扑草净、噁草酮、乙氧氟草醚、百草枯、草甘膦等。

03 马齿苋（图3-3-1至图3-3-4）

马齿苋科马齿苋属。一年生杂草。全国各地都有分布。

形态识别 种子繁殖和营养繁殖。种子发芽的适宜温度为20~30℃，发芽的土层深度在3厘米以内。幼苗肉质，光滑无毛，下胚轴发达，子叶出土长圆形、肥厚、长约4毫米，具短柄；初生叶2片。生长季节，植株及茎枝断体，着地极易生根成活，群众俗称"晒不死"。茎多分枝，平卧地面，绿色或紫红色，肉质。单叶对生，有时互生，长圆形或倒卵形，长10~25毫米，宽5~15毫米，全缘，先端钝圆或微凹，基部宽楔形，肉质，光滑无毛；柄极短。花3~8朵，顶生茎顶；萼片2个；花瓣5枚，黄色，倒卵状长圆形，具凹头，下部结合；蒴果圆锥形，长5~7毫米；种子多数，肾状卵圆形，表面黑褐色，有排列整齐的小瘤状突起。黄淮地区4月底5月初出苗，春、夏、秋生长，花果期5~9月，种子于6月即渐次成熟落地发芽或混杂于堆肥中传播。

防治方法 及时中耕，携出园外集中堆沤。有效除草剂有异丙甲草胺、氟乐灵、嗪草酮、乙氧氟草醚、异丙甲草胺、萘氧丙草胺、灭草松等。

04 稗草（图3-4-1至图3-4-4）

禾本科稗属，一年生杂草。又名芒早稗、水田草、水稗草等，和稻子外形极为相似。全国各地果园都有分布危害。

形态识别 种子繁殖。平均气温12℃以上种子萌发。东北、华北稗草于4月下旬开始出苗，7月上旬开始抽穗开花，生长到8月中旬，生育期76~130天。南方生长期更长，花果期7~10月。成株秆丛生，基部膝曲或直立，株高50~130厘米。湿地或水中直立生长；旱地上，茎秆分散贴地生长。叶片条形，无毛；叶鞘光滑无叶舌。圆锥花序稍开展，直立或弯曲；总状花序常有分枝，斜上或贴生；小穗有2个卵圆形的花，长约3毫米，具硬疣毛，密集在穗轴的一侧；颖有3~5脉；第一外稃有5~7脉，先端具5~30毫米的芒；第二外稃先端具小尖头，粗糙。颖果米黄色卵形。种子卵状，椭圆形，黄褐色。

防治方法 人工及时拔除，种子成熟前铲除，减少种子存留和翌年发生；有效除草剂有乙氧氟草醚、乙草胺、丙草胺、丁草胺、二甲戊灵、二氯喹啉酸、五氟磺草胺等。

05 猪殃殃（图3-5-1至图3-5-4）

茜草科拉拉藤属，一年生或越年生杂草。又名拉拉藤、锯锯藤、细叶茜草、锯子草、活血草。全国各地果园均有分布。

形态识别　种子繁殖。以种子或幼苗越冬。黄淮地区9~11月发芽出土，以幼苗越冬，生长期较长。多枝、蔓生或攀缘状草本。茎具4棱，棱上、叶缘及叶背面中脉上均有倒生小刺毛。叶4~8片轮生，近无柄；叶片纸质或近膜质，条状倒披针形，长1~3厘米，先端有凸尖头，干时常卷缩。聚伞花序腋生或顶生，有花数朵；花小，白色或淡黄色；花冠4裂。春、夏、秋生长，花期3~7月，果期4~11月。成熟种果坚硬，圆形，2个联生在一起，内有种子2个。

防治方法　生长季节人工及时除草；种子成熟前清除，减少种子生成量。化学防治可用苯磺隆、噻磺隆、苄嘧磺隆、麦草畏、苯磺隆、阔草清、旱草灵、乙草胺、草除灵等除草剂。

06　酸模（图3-6-1至图3-6-4）

蓼科酸模属，多年生草本杂草。又名山大黄、当药、山羊蹄、酸母、南连。分布于全国各地。

形态识别　种子和分株繁殖。根为须根。茎直立，株高40~100厘米，通常不分枝。基生叶和茎下部叶箭形，长3~12厘米，宽2~4厘米，顶端急尖或圆钝；叶柄长2~10厘米；茎上部叶较小，具短叶柄或无柄。花序狭圆锥状，顶生，分枝稀疏；花单性，雌雄异株；花被6片，2轮生。瘦果椭圆形，具3锐棱，两端尖，长约2毫米，黑褐色，有光泽。春夏秋生长，花期5~7月，果期6~8月。

防治方法　合理轮作，全面秋深耕，施用腐熟的农家肥料，适时中耕除草，并在种子成熟前彻底清除，减少种子残留。有效除草剂有甲草胺、异丙甲草胺、乙草胺、萘氧丙草胺、西玛津、扑草净、噁草酮、乙氧氟草醚、百草枯、草甘膦等。

07　三叶鬼针草（图3-7-1至图3-7-4）

菊科鬼针草属，一年生草本植物。又名鬼针草、粘人草、豆渣菜、盲肠草。分布于华东、华中、华南、西南各地。

形态识别　种子繁殖。茎直立，高30~100厘米，钝四棱形，无毛或上部被极稀疏的柔毛，基部直径可达6毫米以上。茎下部叶较小，3裂或不分裂，通常在开花前枯萎，中部叶具长1.5~5厘米无翅的柄，小叶3枚，少数具5~7小叶的羽状复叶，两侧小叶椭圆形或卵状椭圆形，长2~4.5厘米，宽1.5~2.5厘米，先端锐尖，基部近圆形或阔楔形，有时偏斜，不对称，具短柄，边缘有锯齿，顶生小叶较大，长椭圆形或卵状长圆形，长3.5~7厘米，先端渐尖，基部渐狭或近圆形，具长1~2厘米的柄，边缘有锯齿，上部叶小，3裂或不分裂，条状披针形。

头状花序直径8~9毫米，有长3~10厘米的花序梗。总苞基部被短柔毛，苞片7~8枚，条状匙形，上部稍宽，长3~5毫米，外层托片披针形，长5~6毫米。盘花筒状，长约4.5毫米。瘦果黑色，条形，略扁，具棱，长7~13毫米，宽约1毫米，上部具稀疏瘤状突起及刚毛，顶端芒刺3~4枚，长1.5~2.5毫米，具倒刺毛。春季发芽，夏秋生长，花果期9~11月。

防治方法 嫩芽叶可食，幼苗时人工拔除，作凉拌菜；园地及时中耕；采用唑草酮、伏草隆、双氟磺草胺、2甲4氯钠、甲草胺等除草剂进行防治。

08 萎蒿（图3-8-1至图3-8-3）

菊科蒿属，多年生草本植物。又名蒿草。分布于全国各地。

形态识别 种子繁殖和分株繁殖。植株有普通青草味。主根不明显或稍明显，具多数侧根；茎单生或少数，高60~150厘米，初时绿褐色，后为紫红色，有明显纵棱，下部通常半木质化，上部有着生头状花序的分枝，枝长6~12厘米，斜向上。叶纸质或薄纸质，表面密被灰白色蛛丝状平贴的茸毛；茎下部叶宽卵形或卵形，长8~12厘米，宽6~10厘米，近成掌或指状，5或3全裂或深裂，极少7裂或不分裂的叶，分裂叶的裂片线形或线状披针形，长5~8厘米，宽3~5毫米，不分裂的叶片为长椭圆形、椭圆状披针形或线状披针形，长6~12厘米，宽5~20毫米，先端锐尖，边缘通常具细锯齿，叶柄长0.5~2.5厘米；中部叶近成掌状，5深裂或为指状3深裂，少有不分裂之叶，长3~5厘米，宽2.5~4毫米；上部叶与苞片叶指状3深裂，2裂或不分裂。头状花序多数，长圆形或宽卵形，直径2~2.5毫米，近无梗，直立或稍倾斜，在分枝上排成密穗状花序；雌花8~12朵；两性花10~15朵。瘦果卵形，略扁。北方地区，宿根3月初发芽，种子4月中下旬萌发出土，7月开花，8月下旬至9月上旬种子成熟，10月中旬植株枯黄。

防治方法 无药用价值，应及时割除并挖根；还可用毒草胺、灭草松、氟乐灵、噁草酮、扑草净、绿麦隆、氟磺胺草醚、西玛津等除草剂进行防除。

09 醴肠（图3-9-1至图3-9-4）

菊科一年生草本植物。又名旱莲草、墨草、莲子草。地老虎的寄主。

形态识别 种子繁殖，黄淮地区种子5月出苗，6~7月出苗高峰期，夏季生长旺盛。幼苗除子叶外，全体有毛。茎直立或平卧，高20~60厘米，基部分枝绿色或红褐色，着土后节易生根。根深茎脆不易拔除，茎叶折断有墨水状汁液外流，故又名墨草。叶对生，无柄或基部叶有柄，被粗短毛，长披针形、椭圆状披针形或条状披针形，长2~7厘米，宽5~15毫米，全缘或有细锯齿。花期6~10月。头状花序腋生或顶生；总苞片2轮有5~6枚，托片披针或刚毛状；边花舌状，全缘或2裂；心花筒状，裂片4片，白色。瘦果三棱状或四棱形，长2.2~3毫米，宽1~1.7毫米，内含种子1粒。种子于8月渐次成熟。

防治方法 人工清除时，将其茎根部彻底挖净，以防再生；利用灭除双子叶除草剂进行防除。

⑩ 芦苇（图3-10-1至图3-10-3）

禾本科芦苇属，多年水生或湿生的高大禾草，全国各地均有生长。

形态诊断 种子、地上植株、地下根茎繁殖。根状茎十分发达。秆直立，高1~8米，直径1~4厘米，具20多节，基部和上部的节间较短，最长节间位于下部第4~6节，长20~40厘米。茎秆下部叶鞘短于上部；叶舌边缘密生一圈长约1毫米的短纤毛，两侧缘毛长3~5毫米；叶片披针状线形，长30厘米，宽2厘米，无毛，顶端长渐尖成丝形。圆锥花序大型，长20~40厘米，宽约10厘米，分枝多数，长5~20厘米，着生稠密下垂的小穗；小穗长约12毫米，含4花；颖果长约1.5毫米。黄淮地区春季发芽，春暖及夏、秋生长，抽穗期及开花期8月上旬至9月上旬，种子成熟期10月上旬，枯叶期11月后。

防治方法 人工挖根，彻底清除；利用扑草净、草甘膦、伏草隆、吡氟禾草灵、精喹禾灵等除草剂进行防除。

⑪ 蒺藜（图3-11-1至图3-11-4）

蒺藜科蒺藜属，一年生草本杂草。又名白蒺藜、屈人等。全国各地有分布。

形态识别 种子繁殖。茎平卧地面，具棱条，长可达1米以上，基部多有分枝；全株被绢丝状柔毛；托叶披针形，形小而尖，长约3毫米；叶为偶数羽状复叶，对生，一长一短；长叶长3~5厘米，宽1.5~2厘米，通常具6~8对小叶，对生；短叶长1~2厘米。花淡黄色，小型，整齐，单生于短叶的叶腋；花梗长4~20毫米；萼5片，卵状披针形，渐尖，长约4毫米，宿存；花瓣5片，倒卵形，与萼片互生。果实为离果，五角形或球形，由5个呈星状排列的果瓣组成，每个果瓣具长短棘刺各1对，背面有短硬毛及瘤状突起。黄淮地区4月上旬种子发芽出土，5~9月生长旺盛，花期5~8月，果期6~9月。

防治方法 及时中耕，携出园外集中堆沤。有效除草剂有伏草隆、氟乐灵、乙氧氟草醚、异丙甲草胺、萘氧丙草胺、灭草松、甲草胺等。

⑫ 夏至草（图3-12-1至图3-12-3）

唇形科夏至草属，多年生草本植物。又名小益母草。分布于全国各地。

形态识别 种子或分株法繁殖。具圆锥形的主根。茎高15～35厘米，四棱形，具沟槽，带紫红色，密被微柔毛，常在基部分枝。叶圆形或卵圆形，长宽1.5～2厘米，先端圆形，基部心形，3深裂，裂片有圆齿或长圆形犬齿，叶片两面均绿色，边缘具纤毛，脉掌状；叶柄长1厘米左右。轮伞花序，径约1厘米，在枝条上部者较密集，在下部者较疏松；花萼管状钟形，长约4毫米。花冠白色，少数粉红色，稍伸出于萼筒，长约7毫米；冠筒长约5毫米，径约1.5毫米。小坚果长卵形，长约1.5毫米，褐色。春夏生长旺盛，花果期4～7月。

防治方法 幼苗时通过中耕清除，成株后适时割除并挖根；还可用禾草灭、灭草松、噁草酮、扑草净、绿麦隆、氟磺胺草醚、西玛津等除草剂进行防除。

⑬ 车前草（图3-13-1至图3-13-4）

车前科车前属，一年生或越年生草本。全国各地都有分布。

形态识别 种子和分株繁殖。直根长，具多数侧根，根茎短。叶基生呈莲座状，平卧、斜展或直立；叶片纸质，椭圆形、椭圆状披针形或卵状披针形，长3～12厘米，宽1～3.5厘米，先端急尖或微钝，边缘具浅波状钝齿、不规则锯齿，基部宽楔形至狭楔形，下延至叶柄，脉5～7条，两面疏生白色短柔毛；叶柄长2～6厘米。花序3～10余个；花序梗长5～18厘米；穗状花序细圆柱状，上部密集，基部常间断，长6～12厘米。花冠白色，冠筒等长或略长于萼片，椭圆形或卵形，长0.5～1毫米。蒴果卵状椭圆形至圆锥状卵形，长4～5毫米，于基部上方周裂。种子4～5枚，椭圆形，长1.2～1.8毫米，黄褐色至黑色；中国北方4月上中旬或10月种子萌芽出土，夏季生长旺盛，花期5～7月，果期7～9月。

防治方法 人工除草连根拔除；有效除草剂有乙草胺、噁草酮、乙氧氟草醚、灭草松、萘氧丙草胺、异丙甲草胺、乙氧氟草醚、氟乐灵等。

⑭ 猫眼草（图3-14-1至图3-14-4）

大戟科大戟属，多年生草本植物。学名泽漆；又名乳浆大戟、细叶猫眼草、烂疤眼、乳浆草。主要分布在华北、华中、华东等地。

形态识别 种子和分根繁殖。根圆柱状，长20厘米以上，直径3～6毫米，褐色或黑褐色。茎单生或丛生，单生时自基部多分枝，高30～60厘米，直径3～5毫米。叶线形至卵形，多变化，长2～7厘米，宽1～2厘米，先端尖或钝尖，基部楔形至平截，无叶柄。杯状聚伞花序顶生者通常有4～9伞梗，基部有轮生叶与茎上部叶同形；腋生者具伞梗1个；每伞梗再2～3分叉，各有扇状半圆形或三角状心形苞叶1对；总苞杯状。蒴果三棱状球形，直径5～6毫米；花柱宿存，成熟时分裂为3个分片。种子卵球状，长2.5～3.0毫米，直径2.0～2.5毫米，成熟时黄褐色。种子成熟落地后，经短时间休眠即可发芽出土，冬季以幼苗形式越冬，春夏高温季节为生长旺盛期，花期4~6月，果期6~8月。

防治方法　及时中耕，铲除杂草；有效除草剂有丁草胺、噁草酮、精吡氟禾草灵、灭草松、萘氧丙草胺、异丙甲草胺、乙氧氟草醚、氟乐灵等。

⑮　铁苋（图3-15-1至图3-15-4）

大戟科铁苋菜属，一年生草本植物。我国除西部高原或干燥地区外，大部分地区均有分布。

形态识别　种子繁殖。株高0.2~0.5米，多分枝，小枝细长。叶膜质，长卵形、近菱状卵形或阔披针形，长3~9厘米，宽1~5厘米，顶端短渐尖，基部楔形，稀圆钝；叶柄长2~6厘米；托叶披针形，长1.5~2毫米。雌雄花同序，花序腋生，长1.5~5厘米，花序梗长0.5~3厘米。蒴果直径4毫米左右；种子近卵状，长1.5~2毫米。种子春季萌芽，春夏秋生长，花果期4~10月。

防治方法　及时中耕，铲除杂草；有效除草剂有地乐胺、噁草酮、灭草松、吡氟禾草灵、萘氧丙草胺、异丙甲草胺、乙氧氟草醚、氟乐灵等。

⑯　黄蒿（图3-16-1至图3-16-5）

菊科蒿属，多年生或越年生草本。学名猪毛蒿；又名草蒿、青蒿、臭蒿、臭黄蒿、犰蒿、秋蒿、野苦草等。遍及全国。

形态识别　种子和分株繁殖。主根单一，狭纺锤形、垂直，半木质或木质化。茎单生，高100~200厘米，基部直径可达1厘米以上，有纵棱，幼时绿色，后变褐色或红褐色，多分枝。叶纸质，绿色；茎下部叶宽卵形或三角状卵形，长3~7厘米，宽2~6厘米，三至四回羽状深裂，每侧有裂片5~10枚，裂片长椭圆状卵形，叶柄长1~2厘米，基部有半抱茎的假托叶；中部叶二至三回羽状深裂，长圆形或长卵形，长1~2厘米，宽0.5~1.5厘米，小裂片栉齿状三角形；上部叶与苞片叶一至二回羽状深裂，近无柄。总状或复总状花序，花深黄色。瘦果小，椭圆状卵形，略扁。种子成熟落地，经过短暂休眠后发芽，幼苗可越冬；春暖时节，宿根发芽，春、夏生长旺盛，花果期8~11月。

防治方法　幼苗期及时中耕，铲除；利用其药用价值较高的特性，在不影响果树正常生长前提下适时刈割利用；有效除草剂有吡氟乙草灵、噁草酮、灭草松、萘氧丙草胺、异丙甲草胺、乙氧氟草醚、氟乐灵等。

⑰　早熟禾（图3-17-1至图3-17-3）

禾本科早熟禾属，一年生或冬性杂草。又名稍草、小青草、小鸡草、冷草、绒球草等。全国南北各地均有分布。

形态识别 种子繁殖。秆直立或倾斜，质软，高6~30厘米。叶鞘稍压扁，中部以下闭合；叶舌长1~5毫米，圆头；叶片扁平或对折，长2~12厘米，宽1~4毫米，质地柔软，顶端急尖呈船形。圆锥花序宽卵形，长3~7厘米，分枝1~3枚着生各节；小穗卵形，含3~5个小花，长3~6毫米，绿色；花药黄色。颖果纺锤形，长约2毫米。早熟禾黄淮地区9月、10月种子发芽出土，以幼苗越冬，春、夏生长，花期4~5月，果期6~7月。

防治方法 人工及时清除田间隙地杂草；种子成熟前彻底连根拔除，减少种子生成量；化学防治可选用禾草灭、禾草丹等除草剂。

(18) **狼尾草**（图3-18-1至图3-18-4）

禾本科狼尾草属，多年生植物。又名金狗尾草、老鼠狼、芮草。分布全国各地。

形态识别 种子和分株繁殖。须根较粗壮。秆直立，丛生，高30~120厘米，在花序下密生柔毛。叶鞘光滑，两侧压扁，秆上部者长于节间；叶舌具长约2.5毫米纤毛；叶片线形，长10~80厘米，宽3~8毫米，先端长渐尖，基部生疣毛。圆锥花序直立，长5~25厘米，宽1.5~3.5厘米；主轴密生柔毛；刚毛粗糙，淡绿色或紫色，长1.5~3厘米；小穗多单生，偶有双生，线状披针形，长5~8毫米。颖果长圆形，长约3.5毫米。狼尾草喜光照充足的生长环境，耐旱、耐湿，亦耐半阴，且抗寒性强，当气温达到20℃以上时，生长迅速。花果期夏秋季。

防治方法 幼苗期人工锄草根除；利用地膜覆盖，提高地膜下土表温度，烫死杂草幼苗或抑制杂草生长；利用稀禾啶、喹禾灵、精吡氟禾草灵等除草剂进行防除。

(19) **荠菜**（图3-19-1至图3-19-4）

十字花科荠属，一年或越年生杂草。分布于全国各地。也是棉蚜、麦蚜、桃蚜、棉盲椿象等的寄主。

形态识别 种子繁殖，以幼苗或种子越冬。黄淮地区10月初出苗，春季还有一次发芽高峰，整个出苗期持续时间较长，温暖地区全年均可发芽。出土幼苗2片子叶，椭圆形，先端圆，基部渐狭，长3~4毫米，宽约2毫米；初生叶2片，紧挨子叶，灰绿色，卵形，先端钝圆，被紧贴的分枝毛，有柄。茎直立，高20~50厘米，有分枝毛或单毛。基生叶丛生，大头羽状分裂，长可达10厘米，宽1~1.5厘米，顶生裂片较大，侧生裂片较小，狭长，浅裂或有不规则锯齿，具长叶柄。茎生叶披针形，基部抱茎，边缘有缺刻或锯齿，两面有细毛或无毛。总状花序顶生和腋生；花白色。短角果倒三角形或倒心形，扁平；种子2行，长椭圆形，淡褐色。4~5月开花结果，5月下旬至6月为果熟期高峰，随熟随落，种子有短期休眠。

防治方法 及时中耕铲除；抽茎前幼嫩可食，因冬春季果园很少施用农药，是很好的绿色食品蔬菜，可以挖除食用；还可用苯磺隆、嗪草酮、苄嘧磺隆、丁草胺、氟唑草酮、噻磺隆等除草剂进行防除。

20 苦荬菜（图3-20-1至图3-20-3）

菊科苦荬菜属，一年生或越年生草本。又名多头苦荬菜、多头莴苣。分布于全国南北各地。

形态识别 种子繁殖。以幼苗或种子越冬。根垂直直伸，生多数须根。茎直立，高10~80厘米，基部直径2~4毫米，全部茎枝无毛。基生叶线形或线状披针形，包括叶柄长7~12厘米，宽1~3厘米，顶端急尖，基部渐狭成长或短柄；中下部茎叶披针形或线形，长5~15厘米，宽1.5~2厘米，顶端急尖，基部箭头状半抱茎，向上或最上部的叶渐小，与中下部茎叶同形，基部箭头状半抱茎或长椭圆形，基部收窄，但不成箭头状半抱茎；全部叶两面无毛，大头羽状深裂，极少下部边缘有稀疏的小尖头。在茎枝顶端排成伞房状花序，分枝多数，花序梗细；总苞圆柱状，长5~7毫米；舌状小花黄色，极少白色，10~25枚。瘦果褐色，长椭圆形，长2.5毫米，宽0.8毫米，无毛；冠毛白色，纤细，不等长，长4毫米左右。春、夏生长，花果期3~6月。

防治方法 深耕，加强田间管理，结合野生植物的利用在种子成熟前拔除全株。有效除草剂有扑草净、萘氧丙草胺、乙草胺、草甘膦、灭草松等。

21 山莴苣（图3-21-1至图3-21-6）

一年生或越年生草本植物。又名北山莴苣、山苦菜。菊科山莴苣属，分布东北、华北、西北、华中等地。其幼苗和嫩茎、叶可以食用，是一种有开发价值的野菜，具药用价值。

形态识别 种子和分株繁殖。以幼苗或种子越冬。根垂直直伸。茎直立，通常单生，淡红紫色或绿色，高50~130厘米。全部茎枝叶光滑无毛。中下部茎叶披针形、长披针形或长椭圆状披针形，长10~26厘米，宽2~3厘米，顶端渐尖、长渐尖或急尖，基部收窄，无柄，心形、心状耳形或箭头状半抱茎，边缘羽状深裂，叶尖大头或微锯齿状小尖头，极少边缘缺刻状或羽状浅裂；上部叶渐小，与中下部茎叶同形。头状花序含舌状小花约20枚，多数在茎枝顶端排成伞房花序或伞房圆锥花序，果穗长1.1厘米；总苞片3~4层，不成明显的覆瓦状排列，通常淡紫红色；舌状小花蓝色或蓝紫色。瘦果长椭圆形或椭圆形，褐色或橄榄色，稍扁。冠毛白色纤细，2层，不脱落。春季温度回升即开始生长，6~8月生长旺盛，再生力强。果期7~9月。

防治方法 幼苗时铲除食用；成株时挖根清除，减少种子存留；还可用敌草胺、灭草松、噁草酮、扑草净、绿麦隆、氟磺胺草醚、西玛津、伏草隆等除草剂进行防除。

㉒ 豚草（图3-22-1至图3-22-5）

菊科豚草属，一年生草本恶性杂草。又名豕草、普通豚草、艾叶破布草、美洲艾。对禾木科、菊科等植物有抑制、排斥作用，并对人和其他动物有影响。原产北美洲，现分布于我国东北、华北、华中和华东等地，第一批列入《中国外来入侵物种名单》。

形态识别 种子和无性繁殖。茎直立，高20~150厘米；上部有圆锥状分枝，有棱，被疏生糙毛。下部叶对生，具短叶柄，二次羽状分裂，裂片狭小，长圆形至倒披针形，有明显的中脉，上面深绿色，被细短伏毛或近无毛，背面灰绿色，被密短糙毛；上部叶互生，无柄，羽状分裂。

雄头状花序半球形或卵形，径4~5毫米，具短梗，下垂，在枝端密集成总状花序。总苞宽半球形或碟形；总苞片全部结合，无肋，边缘具波状圆齿，稍被糙伏毛。花托具刚毛状托片；每个头状花序有10~15个不育的小花；花冠淡黄色，长2毫米，有短管部，上部钟状，有宽裂片。

雌头状花序无花序梗，在雄头花序下面或在下部叶腋单生，或2~3个密集成团伞状，有1个能育的雌花，总苞闭合，具结合的总苞片，倒卵形或卵状长圆形，长4~5毫米，宽约2毫米，顶端有围裹花柱的圆锥状嘴部，在顶部以下有4~6个尖刺，稍被糙毛。瘦果倒卵形，无毛，藏于坚硬的总苞中。花期8~9月，果期9~10月。

豚草再生力极强。茎、节、枝、根都可长出不定根，扦插压条后能形成新的植株，经铲除、切割后剩下的地上残条部分，仍可迅速地重发新枝。生育期参差不齐，交错重叠。出苗期从3月中下旬开始一直可延续到11月下旬，历时7个月之久；早、晚熟型豚草生育期相差1个多月，因此防治较困难。

防治方法 秋耕和春耕将种子埋入土中10厘米以下，抑制豚草种子萌发；春季当豚草大量出苗时进行春耙，可消灭大部分豚草幼苗；还可用嗪草酮、灭草松、氟磺胺草醚、百草枯、草甘膦、乙氧氟草醚等除草剂控制豚草生长。

㉓ 鼠鞠草（图3-23-1至图3-23-5）

菊科鼠鞠草属，一年生草本植物。又名清明草、清明菜、寒食菜、念子花、佛耳草、绵菜、香芹娘。分布于我国华东、华南、华中、华北、西北及西南各地。

形态识别　种子和地下根茎繁殖。春季发芽生长，全年生长期较长。全株茎叶有白色绵毛。茎直立或从基部发枝，斜向上生长，茎高10~50厘米，基部径粗约3毫米，上部不分枝，有沟纹，节间长8~20毫米，上部节间可长达5厘米以上。叶无柄，如菊叶而小，匙状倒披针形或倒卵状匙形，长5~7厘米，宽11~14毫米，上部叶长15~20毫米，宽2~5毫米，基部渐狭，顶端圆，具刺尖头，上部叶较薄，叶脉1条，下部叶片叶脉不明显。头状花序，近无柄，在枝顶密集成伞房花序，花黄色至淡黄色；总苞钟形，径2~3毫米；总苞片2~3层，金黄色或柠檬黄色，膜质，有光泽，外层倒卵形或匙状倒卵形，顶端圆，基部渐狭，长约2毫米；花托中央稍凹入，无毛。瘦果倒卵形或倒卵状圆柱形，长约0.5毫米。冠毛粗糙，污白色，易脱落，长约1.5毫米，基部联合成2束。花果期4~11月。

防治方法　幼苗时及时铲除食用；成株时挖根清除，减少种子存留；还可用灭草松、地乐胺、噁草酮、伏草隆、扑草净、绿麦隆、氟磺胺草醚、西玛津等除草剂进行防除。

㉔ 地梢瓜（图3-24-1至图3-24-4）

萝藦科鹅绒藤属，多年生草本植物，全草及果实可入药。又名地梢花、女青、羊角、奶瓜。分布于我国东北、华北、西北、华中及江苏等地。

形态识别　种子和地下根茎繁殖。地下茎单轴横生，地上茎多自基部分枝，铺散或倾斜，密被白色短硬毛，高10~30厘米。叶对生或近对生，线形，先端尖，基部楔形，全缘，向背面反卷，两面被短硬毛，中脉在背面明显隆起，近无柄；长3~5厘米，宽2~5毫米。伞形聚伞花序腋生，密被短硬毛；花萼外面被柔毛，5深裂，裂片披针形，先端尖；花冠绿白色，5深裂，裂片椭圆状披针形，先端钝，外面疏被短硬毛。蓇葖果单生，狭卵状纺锤形，被短硬毛，先端渐尖，中部膨大，长5~6厘米，直径2厘米；种子卵形，扁平，暗褐色，长8毫米。花期5~8月，果期8~10月。全株含橡胶1.5%，树脂3.6%，也可作工业原料；幼果可食。

防治方法　人工防除园地及周围地梢瓜，尽量减少田间地梢瓜来源；利用丁草胺、赛克津、异恶草松、咪草烟、氯嘧磺隆、氟磺胺草醚、杂草焚、乙草胺、2，4-滴丁酯、莠去津、氟乐灵、萘氧丙草胺、麦草畏等除草剂进行防除。

㉕ 紫茎泽兰（图3-25-1至图3-25-5）

菊科泽兰属，多年生草本或半灌木状植物，因其茎和叶柄呈紫色，故名紫茎泽兰。又名腺泽兰、解放草、马鹿草、破坏草、黑头草、大泽兰。国内主要分布于云南、贵州、四川、广西、西藏等地及其他地区。是一种重要的检疫性有害生物，是中国遭受外来物种入侵的典型例子。原产于墨西哥，大约20世纪40年代作为一种观赏植物引入我国，因其繁殖力强，已成为灾害性的入侵物种。在2003年国家有关部门公布的第一批《中国外来入侵物种名单》中名列第一位。

形态识别 种子和根茎繁殖。根茎粗壮发达。茎直立，株高30~200厘米，分枝对生、斜上生长，茎紫色、被白色或锈色短柔毛。叶对生，叶片质薄，卵形、三角形或菱状卵形，正面绿色，背面色浅，边缘有稀疏粗大而不规则的锯齿，在花序下方则为波状浅锯齿或近全缘，叶柄长4~5厘米。头状花序小，直径可达6毫米，在枝端排列成伞房或复伞房花序，含40~50朵白色小花。子实瘦果，黑褐色，每株可年产瘦果1万粒左右，借冠毛随风传播。花期11月至翌年4月，结果期3~4月。

紫茎泽兰繁殖系数极高，种子传播途径多，易成为群落中的优势种而发展为单一优势群落，而侵占影响其他植物生长；且根状茎发达，可依靠强大的根状茎快速扩展蔓延。适应能力极强，干旱、瘠薄的荒坡隙地，甚至石缝和楼顶上都能生长。

防治方法 在秋冬季节，人工挖除紫茎泽兰全株，集中晒干烧毁；不能及时连根挖除的在开花前割除紫茎泽兰的地上部分，减少开花和种子形成。可用毒草胺、草甘膦、嘧磺隆、扑草净、毒莠定、2,4-D、敌草快、百草枯、麦草畏等除草剂进行防除。

26 花叶滇苦菜（图3-26-1至图3-26-6）

菊科苦苣菜属一年或越年生草本植物，又名刺菜，恶鸡婆。分布几遍全国。

形态识别 种子和分株繁殖。种子随风、雨、田间灌溉传播。根纺锤状。茎直立中空，高50~100厘米，下部无毛，中上部及顶端有稀疏腺毛。茎生叶片狭长椭圆形，不分裂、缺刻状半裂或羽状分裂，裂片边缘密生长刺状尖齿，刺较长而硬，基部有扩大的圆耳。头状花序直径约2厘米，花序梗常有腺毛或初期有蛛丝状毛；总苞钟形或圆筒形，长1.2~1.5厘米；舌状花黄色，长约1.3厘米，舌片长约0.5厘米。瘦果较扁平，短宽而光滑，两面除有明显的3纵肋外，无横纹，有较宽的边缘。春、夏生长快，花果期5~10月。

防治方法 幼苗时铲除食用；成株时挖根清除，减少种子存留；还可用吡氟乙草灵、灭草松、噁草酮、扑草净、甲草胺、绿麦隆、氟磺胺草醚、西玛津等除草剂进行防除。

27 牛繁缕 （图3-27-1至图3-27-4）

石竹科鹅肠菜属，一年生或二年生草本植物，全国南北各地均有分布。阴湿以及低洼田地发生严重。

形态识别 种子和根茎繁殖。全株光滑，仅花序上有白色短软毛。茎多分枝，长20~60厘米，柔弱，常伏生地面，表面略带紫红色，节部和嫩枝梢处更明显。叶对生，膜质；叶卵状椭圆形或宽卵形，长2~5.5厘米，宽1~3厘米，顶端渐尖，基部心形或圆形，全缘或浅波状，上部叶无柄或具极短柄，基部略包茎，下部叶叶柄长5~18毫米。花梗细长，花后下垂；苔片5枚，宿存，果期增大，外面有短柔毛；花瓣5枚，白色，2深裂几达基部，生于枝端或叶腋。蒴果卵形，5瓣裂，每瓣端有2裂；种子近圆形，褐色，密布显著的刺状突起。花期4~5月，果期5~6月。

防治方法 精细整地，加强田间管理，及时中耕除草。冬前可使用异丙隆做土壤处理，减少发生。有效除草剂有敌草胺、草除灵、苯磺隆、氯氟吡氧乙酸、2甲4氯、灭草松、唑草酮、乙羧氟草醚、溴苯腈、双氟·唑嘧胺（麦喜）、啶磺草胺（优先）、草甘膦、阔叶净、百草敌等。

28 阴石蕨 （图3-28-1至图3-28-3）

骨碎补科阴石蕨属，多年生草本植物。中药名草石蚕、石奇蛇、白毛蛇、白毛岩蚕、岩蚕等。分布于黄淮及长江流和西南地区。全草可入药。

形态识别 植株高10~20厘米。根状茎长而横走，粗2~3毫米，密被白棕色狭鳞片；鳞片披针形，长约5毫米，宽1毫米，红棕色，伏生，盾状着生。叶远生；柄长5~12厘米，棕色或棕禾秆色，疏被鳞片，老则近光滑；叶片三角状卵形，长5~10厘米，基部宽3~5厘米，上部伸长，向先端渐尖，二回羽状深裂；羽片6~10对，无柄，以狭翅相连，基部一对最大，长2~4厘米，宽1~2厘米，近三角形或三角状披针形，钝头。基部楔形，两侧不对称，下延，常略向上弯弓，上部常为钝齿牙状，下部深裂，裂片3~5对，基部下侧一片最长，1~1.5厘米，椭圆形，圆钝头，略斜向下，全缘或浅裂；从第二对羽片向上渐缩短，椭圆披针形，斜展或斜向上，边缘浅裂或具不明显的疏缺裂。叶脉上面不见，下面粗而明显，褐棕色或深棕色，羽状。叶革质，干后褐色，两面均光滑或下面沿叶轴偶有少数棕色鳞片。孢子囊群沿叶缘着生，通常仅于羽片上部有3~5对；囊群盖半圆形，棕色，全缘，质厚，基部着生。孢子期5~11月。

生长于树上、溪边岩石上及阴凉潮湿处。

防治方法 加强果园管理，合理修剪，避免果园郁闭，创造不利于阴石蕨生长的环境；结合野生植物的利用在种子成熟前拔除全株。有效除草剂有吡氟乙草灵、噁草酮、喹禾灵、灭草松、萘氧丙草胺、异丙甲草胺、乙氧氟草醚、双苯酰草胺、氟乐灵等。

29 萹蓄（图3-29-1至图3-29-3）

蓼科蓼属，一年生或越年生草本植物。又名竹片菜。分布于全国各地。

形态识别　种子繁殖。茎绿色、丛生，匍匐或斜上，高15～50厘米，基部分枝甚多，具明显的节及纵沟纹，常被有白粉；幼枝上微有棱角。叶互生；叶柄短，2～3毫米，亦有近于无柄者；叶片披针形至椭圆形，长6～10厘米，宽1～4厘米，先端钝或尖，基部楔形，全缘，绿色，近无柄，两面无毛；托鞘膜质，抱茎，下部绿色，上部透明无色，具明显脉纹，其上之多数平行脉常伸出成丝状裂片。花6～10朵簇生于叶腋，露出托叶鞘外，花梗短；苞片及小苞片均为白色透明膜质；花被绿色，5深裂，具白色边缘，结果后，边缘变为粉红色；雄蕊通常8枚，花丝短；子房长方形，花柱短，柱头3枚。瘦果包围于宿存花被内，仅顶端小部分外露，卵形，具3棱，长2～3毫米，黑褐色，具细纹及小点。花期6～8月。果期7～10月。

防治要点　通过人工除草或机械耕作消灭杂草；有效除草剂有敌草胺、甲草胺、异丙甲草胺、乙草胺、萘氧丙草胺、西玛津、扑草净、噁草酮、乙氧氟草醚、百草枯、草甘膦等。

30 毒麦（图3-30-1至图3-30-5）

禾本科黑麦属，一年生或越年草本植物。又名黑麦子、小尾巴麦子、闹心麦。全国除西藏和台湾外，其他各地均有发现。已被列入中国首批外来入侵物种。经常和重要的农作物小麦混生在一起。毒麦的外形非常似小麦，然而其子粒中含有能麻痹中枢神经、致人昏迷的毒麦碱，为恶性杂草。

形态识别　种子繁殖。多数于10月前后发芽出土，以幼苗或种子越冬，夏季抽穗。茎高20～120厘米，秆疏丛生，具3～5节，无毛。叶鞘长于其节间，疏松；叶舌长1～2毫米；叶片扁平，质地较薄，长10～25厘米，宽4～10毫米，无毛，顶端渐尖，边缘微粗糙。穗形总状花序长10～15厘米，宽1～1.5厘米；穗轴增厚，质硬，节间长5～10毫米，无毛；小穗含4～10小花，长8～10毫米，宽3～8毫米；小穗轴节间长1～1.5毫米，平滑无毛；颖较宽大，与其小穗近等长，质地硬，长8～10毫米，宽约2毫米，有5～9脉，具狭膜质边缘；外稃长5～8毫米，椭圆形至卵形，成熟时肿胀，质地较薄，具5脉，顶端膜质透明，基盘微小，芒近外稃顶端伸出，长1～2厘米，粗糙；内稃约等长于外稃，脊上具微小纤毛。颖果长4~7毫米，为其宽的2~3倍，厚1.5~2毫米，呈紫色。花果期4~7月。

防治方法

人工拔除和田间机械耕作清除。于毒麦发芽前使用25%绿麦隆可湿性粉剂100克/亩，兑水50~60千克，喷洒地表；使用50%异丙隆可湿性粉剂120克/亩，兑水50~60千克，喷洒地表；使用阿畏达可湿性粉剂100克/亩，兑水50~60千克，喷洒地表；使用禾草灵可湿性粉剂30克/亩，兑水60千克，3叶期喷雾。

在早春3、4月份，毒麦5叶以下时及时防治：使用金百秀可湿性粉剂12~16克/亩，兑水25~30千克，茎叶喷雾；使用大杀禾水剂20~30毫升/亩，兑水25~30千克，茎叶喷雾。

㉛ 辣蓼草（图3-31-1至图3-31-3）

蓼科蓼属，一年生草本植物。又名辣蓼、蓼子草、斑蕉草、梨同草、柳叶蓼、绵毛酸模叶蓼。分布于我国南北各地。

形态识别　种子和分株繁殖。茎直立圆柱形，高40~70厘米，多分枝，无毛，表面灰棕色或棕红色，有细棱线，节部膨大，质脆，易折断，断面浅黄色，中空。叶互生，有柄，深绿色，披针形或椭圆状披针形，长4~8厘米，宽0.5~2.5厘米，顶端渐尖，基部楔形，边缘全缘，具缘毛，两面无毛，上表面棕褐色，下表面褐绿色，两面有棕黑色斑点及细小腺点，有时沿中脉具短硬伏毛，具辛辣味；叶柄长4~8毫米；托叶鞘筒状，膜质，紫褐色，长1~1.5厘米，疏生短硬伏毛，顶端截形，具短缘毛，通常托叶鞘内藏有花簇。

总状花序呈穗状，顶生或腋生，长3~8厘米，通常下垂，花稀疏，下部间断；苞片漏斗状，长2~3毫米，绿色，边缘膜质，疏生短缘毛，每苞内具3~5花；花梗比苞片长；花被5深裂，稀4裂，绿色，上部白色或淡红色，被黄褐色透明腺点，花被片椭圆形，长3~3.5毫米；雄蕊5~8枚；雌蕊1枚，花柱2~3裂。瘦果卵形，扁平，少有3棱，长2.5毫米，表面有小点，黑色无光，包在宿存的花被内。花果期6~9月。

防治方法　合理轮作，全面深耕，施用腐熟的农家肥料，适时中耕除草，并在种子成熟前彻底清除，减少种子残留。有效除草剂有嗪草酮、甲草胺、异丙甲草胺、乙草胺、萘氧丙草胺、西玛津、扑草净、噁草酮、乙氧氟草醚、百草枯、草甘膦等。

㉜ 野苜蓿（图3-32-1至图3-32-4）

豆科苜蓿属，多年生草本植物。又名镰荚苜蓿、豆豆苗、连花生。分布于我国东北、华北、西北等地。

形态识别 种子繁殖。主根粗壮，木质，须根发达。茎平卧或上升，圆柱形，多分枝，高（20）40~100（~120）厘米。羽状三出复叶；托叶披针形至线状披针形，先端长渐尖，基部戟形，全缘或稍具锯齿，脉纹明显；叶柄细，比小叶短；小叶倒卵形至线状倒披针形，长（5）8~15（~20）毫米，宽（1）2~5（~10）毫米，先端近圆形，具刺尖，基部楔形，边缘上部1/4具锐锯齿，上面无毛，下面被贴伏毛，侧脉12~15对，与中脉成锐角平行达叶边，不分叉；顶生小叶稍大。花序短总状，长1~2（~4）厘米，具花6~20（~25）朵，稠密，花期几不伸长；总花梗腋生，挺直，与叶等长或稍长；苞片针刺状，长约1毫米；花长6~9（~11）毫米；花梗长2~3毫米，被毛；萼钟形，被贴伏毛，萼齿线状锥形，比萼筒长；花冠黄色，旗瓣长倒卵形，翼瓣和龙骨瓣等长，均比旗瓣短；子房线形，被柔毛，花柱短，略弯，胚珠2~5粒。荚果镰形，长（8）10~15毫米，宽2.5~3.5（~4）毫米，脉纹细，斜向，被贴伏毛；有种子2~4粒。种子卵状椭圆形，长2毫米，宽1.5毫米，黄褐色，胚根处凸起。花期5~7月，果期6~8月。

防治方法 适时中耕除草，为优质牧草，可以刈割利用；在种子成熟前彻底清除田旁隙地的野首蓿，减少种子存留。有效除草剂有甲草胺、异丙甲草胺、乙草胺、敌稗、萘氧丙草胺、西玛津、扑草净、噁草酮、乙氧氟草醚、百草枯、草甘膦等。

㉝ 益母草（图3-33-1至图3-33-3）

唇形科益母草属，一年生或越年生草本植物。又名益母蒿、益母艾、云母草、蓷、茺蔚、坤草、九重楼、红花艾、野天麻、玉米草、灯笼草、铁麻干等。分布于全国大部分地区。其干燥地上部分为常用中药。

形态识别 种子繁殖。主根上密生须根。茎直立，高30~120厘米，钝四棱形，微具槽，有倒向糙伏毛，在节及棱上尤为密集，在基部有时近于无毛，多分枝，或仅于茎中部以上有能育的小枝条。叶轮廓变化很大，茎下部叶轮廓为卵形，基部宽楔形，掌状3裂，裂片呈长圆状菱形至卵圆形，通常长2.5~6厘米，宽1.5~4厘米，裂片上再分裂，上面绿色，有糙伏毛，叶脉稍下陷，下面淡绿色，被疏柔毛及腺点，叶脉突出，叶柄纤细，长2~3厘米，由于叶基下延而在上部略具翅，腹面具槽，背面圆形，被糙伏毛；茎中部叶轮廓为菱形，较小，通常分裂成3个或偶有多个长圆状线形的裂片，基部狭楔形，叶柄长0.5~2厘米。

花序最上部的苞叶近于无柄，线形或线状披针形，长3~12厘米，宽2~8毫米，全缘或具稀少齿。轮伞花序腋生，具8~15花，轮廓为圆球形，径2~2.5厘米，多数远离而组成长穗状花序；小苞片刺状，向上伸出，基部略弯曲，比萼筒短，长约5毫米，有贴生的微柔毛；花梗无。花萼管状钟形，长6~8毫米，外面有贴生微柔毛，内面于离基部1/3以上被微柔毛，5脉，显著，齿5，前2齿靠合，长约3毫米，后3齿较短，等长，长约2毫米，齿均宽三角形，先端刺尖。花冠粉红至淡紫红色，长1～1.2厘米，外面于伸出萼筒部分被柔毛，冠筒长约6毫米，等大，内面在离基部1/3处有近水平向的不明显鳞毛毛环，毛环在背面间断，其上部多少有鳞状毛，冠檐二唇形，上唇直伸，内凹，长圆形，长约7毫米，宽4毫米，全缘，内面无毛，边缘具纤毛，下唇略短于上唇，内面在基部疏被鳞状毛，3裂，中裂片倒心形，先端微缺，边缘薄膜质，基部收缩，侧裂片卵圆形，细小。雄蕊4，均延伸至上唇片之下，平行，前对较长，花丝丝状，扁平，疏被鳞状毛，花药卵圆形，二室。雌蕊花柱丝状，略超出于雄蕊而与上唇片等长，无毛，先端相等2浅裂，裂片钻形；花盘平顶，子房褐色，无毛。小坚果长圆状三棱形，长2.5毫米，顶端截平而略宽大，基部楔形，淡褐色，光滑。花期6～9月，果期7～10月。

防治方法　幼苗时通过中耕清除，成株后适时割除并挖根，晒干用作中药；还可用甲草胺、灭草松、噁草酮、高效吡氟乙草灵、扑草净、绿麦隆、氟磺胺草醚、西玛津等除草剂进行防除。

34　牛膝菊（图3-34-1至图3-34-4）

菊科牛膝菊属，一年生草本野生植物，全草可以入药。又名辣子草、向阳花、珍珠草、铜锤草。

形态识别　种子和分株繁殖。茎高10～80厘米，不分枝或自基部分枝，分枝斜升，全部茎枝被疏散或上部稠密的贴伏短柔毛和少量腺毛。须根发达，根系分布于20～30厘米的表土层，近地的茎及茎枝均可长出不定根。主茎节间短，侧枝发生于叶腋间，生长旺盛，节间较长，每片叶的叶腋间可发生1条以上的侧枝。叶对生，卵形或长椭圆状卵形，长1.5～5.5厘米，宽0.6～3.5厘米，基部圆形、宽或狭楔形，顶端渐尖或钝，基出三脉或不明显五出脉，在叶下面稍突起，在上面平，有叶柄，柄长1～2厘米；向上及花序下部的叶渐小，通常披针形；全部茎叶两面粗涩，被白色稀疏贴伏的短柔毛，沿脉和叶柄上的毛较密，边缘浅或钝锯齿或波状浅锯齿，在花序下部的叶有时全缘或近全缘；叶及茎的表面覆盖稀疏的短茸毛。头状花序半球形，有长花梗，多数在茎枝顶端排成疏松的伞房花序，花序径约3厘米；总苞半球形或宽钟状，宽3～6毫米；总苞片1～2层，约5个，外层短，内层卵形或卵圆形，长3毫米，顶端圆钝，白色，膜质；舌状花4～5个，舌片白色，顶端3齿裂，筒部细管状，外面被稠密白色短柔毛；管状花花冠长约1毫米，黄色，下部被稠密的白色短柔毛。瘦果长1～1.5毫米，三棱或中央的瘦果4～5棱，黑色或黑褐色，常压扁，被白色微毛。瘦果期7～10月。

防治方法　深耕，加强田间管理，结合野生植物的利用在种子成熟前拔除全株。有效除草剂有萘氧丙草胺、草甘膦、灭草松等。

35 山藿香（图3-35-1至图3-35-3）

唇形科藿香属。又名血见愁、血芙蓉、野石蚕、野薄荷、仁沙草、苦药菜、假紫苏等。分布于河南、山东、安徽、江苏、浙江、江西、福建、台湾、四川、云南等地。具药用功效。

形态识别 种子繁殖。茎直立，多分枝；高30~70厘米，下部无毛或几近无毛，上部具夹生腺毛的短柔毛。叶柄长1~3厘米，近无毛；叶片卵圆形至卵圆状长圆形，长3~10厘米，先端急尖或短渐尖，基部圆形、阔楔形至楔形，下延，边缘具齿，有时数齿间具深刻的齿弯，两面近无毛，或被极稀的微柔毛。

假穗状花序生于茎及短枝上部，长3~7厘米，密被腺毛，由密集具2花的轮伞花序组成；苞片披针形，较开放的花稍短或等长；花梗短，长约2毫米，密被长柔毛。花萼小，钟形，长2.8毫米，宽2.2毫米，外面密被长柔毛，内面在齿下被稀疏微柔毛，齿缘具缘毛，10脉，其中5副脉不甚明显。果时花萼呈圆球形，直径3毫米左右。花冠白色、淡红色或淡紫色，长6.5~7.5毫米，冠筒长3毫米左右，稍伸出，唇片与冠筒成大角度的钝角，中裂片正圆形，侧裂片卵圆状三角形，先端钝。雄蕊伸出，前对与花冠等长。花柱与雄蕊等长。花盘盘状，浅4裂。子房圆球形，顶端被泡状毛。小坚果扁球形，长1.3毫米，黄棕色。

花期黄淮地区7~9月，广东、云南南部6~11月。

防治方法 幼苗时通过中耕清除，利用其可以入药的特性成株后适时割除并挖根；还可用伏草隆、灭草松、噁草酮、扑草净、嗪草酮、绿麦隆、氟磺胺草醚、西玛津等除草剂进行防除。

36 白羊草（图3-36-1至图3-36-4）

禾本科孔颖草属。多年生草本植物。分布几遍全国；可作牧草。

形态识别 种子繁殖和分株繁殖。多年生疏丛型，具短根茎，分蘖力强，能形成大量基生叶丛。秆丛生，直立或基部倾斜，高25~70厘米，径1~2毫米，具3节至多节，节上无毛或具白色髯毛；叶鞘无毛，多密集于基部；叶舌膜质，长约1毫米，具纤毛；叶片线形，长5~16厘米，宽2~3毫米，顶生者常缩短，先端渐尖，基部圆形，两面疏生柔毛或下面无毛。总状花序4至多数着生于秆顶呈指状，长3~7厘米，纤细，灰绿色或带紫褐色，总状花序轴节间与小穗柄两侧具白色丝状毛；无柄小穗长圆状披针形，长4~5毫米；第一颖背部中央略下凹，具5~7脉；第二颖舟形，中部以上具纤毛；第一外稃长圆状披针形，长约3毫米，先端尖；第二外稃退化成线形，先端延伸成一膝曲扭转的芒，芒长10~15毫米；

第一内稃长圆状披针形，长约0.5毫米；第二内稃退化；雄蕊3枚，长约2毫米。有柄小穗雄性。花果期秋季。

须根特别发达，常形成强大的根网，耐践踏，固土保水力强。性喜温暖和湿度中等的砂壤土环境，为典型喜暖的中旱生植物。华北地区一般在4月下旬萌发，6月份生长量猛增，9月初花期以后生长缓慢，并很快停止。

防治方法 深翻土壤，发现有白羊草发生即彻底清除，防止形成灾害；利用可以作牧草的特性及时割除；有效除草剂有禾草灭、草甘膦、吡氟禾草灵、茅草枯、烯禾啶等。

㊲ 通泉草（图3-37-1至图3-37-5）

玄参科通泉草属，一年生草本植物，可以入药。又名脓泡药、汤湿草、猪胡椒、野田菜、鹅肠草、绿蓝花等。除内蒙古、宁夏、青海及新疆未见记录外，生于海拔2500米以下的地带。几乎遍布全国。

形态识别 种子繁殖和分株繁殖。主根伸长，垂直向下或短缩，须根纤细，多数，散生或簇生。茎高3～30厘米，无毛或疏生短柔毛。本种在形态上变化较大，茎1～5个或更多，直立、上升或倾卧状上升，着地部分节上常能长出不定根，分枝多而披散，少不分枝。基生叶少到多数，有时成莲座状或早落，倒卵状匙形至卵状倒披针形，膜质，长2～6厘米，顶端全缘或有不明显的疏齿，基部楔形，下延成带翅的叶柄，边缘具不规则的粗齿或基部有1～2片浅羽裂；茎生叶对生或互生，少数，与基生叶相似或几乎等大。

总状花序生于茎、枝顶端，常在近基部即生花，伸长或上部成束状，通常3～20朵，花稀疏；花梗在果期长约10毫米，上部的较短；花萼钟状，花期长约6毫米，萼片与萼筒近等长，卵形；花冠白色、紫色或蓝色，长约10毫米，上唇裂片卵状三角形，下唇中裂片较小，稍突出，倒卵圆形。蒴果球形；种子小而多数，黄色，种皮上有不规则的网纹。花果期4～10月。

防治方法 幼苗时通过中耕清除，成株后适时割除并挖根，以作药用；因其根系分布较浅，可以作为果园生草栽培草种利用；还可用伏草隆、苯磺隆、氟乐灵、苄嘧磺隆、氟唑草酮、噻磺隆等除草剂进行防除。

㊳ 大蓟（图3-38-1至图3-38-3）

菊科蓟属，多年生草本植物。又名大蓟菜。全国南北各地均有分布。生于山坡、草地、路旁、果园、农田等地域。

形态识别 种子繁殖。块根纺锤状或萝卜状，直径达7毫米。茎直立，30～150厘米，上有分枝或不分枝，全部茎枝有条棱，被稠密或稀疏的长节毛。基生叶较大、卵形、长倒卵形、椭圆形或长椭圆形，长8~20厘米，宽2.5~8厘米，羽状深裂或几全裂，基部渐狭成短或长翼柄，翼柄边缘有针刺及刺齿；侧裂片6~12对，中部侧裂片较大，向下的侧裂片渐小，全部侧裂片排列稀疏或紧密，卵状披针形、半椭圆形、斜三角形、长三角形或三角状披针形，宽狭变化极大，宽达0.5~3厘米，边缘有稀疏大小不等小锯齿，或锯齿较大而使整个叶片呈现较为明显的二回状分裂状态，齿顶针刺长2~6毫米，齿缘针刺小而密或几无针刺。自基部向上的叶渐小，与基生叶同形并等样分裂，但无柄，基部扩大半抱茎。全部茎叶两面同为绿色，两面沿脉有稀疏的短节毛或几无毛。头状花序直立，少有下垂的，少数生茎端而花序极短。

总苞钟状，直径3厘米左右。总苞片约6层，复瓦状排列，向内层渐长，外层与中层卵状三角形至长三角形，长0.8~1.3厘米，宽3~3.5毫米，顶端长渐尖，有长1~2毫米的针刺；内层披针形或线状披针形，长1.5~2厘米，宽2~3毫米，顶端渐尖呈软针刺状。全部苞片外面有微糙毛。小花红色或紫色，长2.1厘米，檐部长1.2厘米。冠毛浅褐色，多层，基部联合成环，整体脱落；冠毛长羽毛状，长达2厘米，内层向顶端纺锤状扩大或渐细。瘦果偏斜楔状或倒披针状，长4毫米，宽2.5毫米。花果期4~11月。

防治方法　园地深耕，捡拾地下根茎带出园外处理；结合茎叶可以入药的特性，有目的地刈割利用。采用甲草胺、唑草酮、氟乐灵、敌草胺、双氟磺草胺、2甲4氯钠等除草剂进行防治。

㊴ 野芹菜（图3-39-1至图3-39-3）

伞形科毒芹属，多年生草本植物。学名毒芹。又名白头翁、毒人参、芹叶钩吻、斑毒芹、走马芹。分布于我国黑龙江、吉林、辽宁、内蒙古、河北、河南、山东、山西、陕西、甘肃、四川、新疆等地。

形态识别　种子繁殖。主根短缩，支根多数，肉质或纤维状，根状茎有节，内有横隔膜，褐色。株高70~100厘米，茎单生，圆筒形，中空，有条纹，基部有时略带淡紫色，上部有分枝，枝条上升开展。

基生叶柄长15~30厘米，叶鞘膜质，抱茎；叶片轮廓呈三角形或三角状披针形，长12~20厘米，二至三回羽状分裂；最下部的一对羽片有1~3.5厘米长的柄，羽片3裂至羽裂，裂片线状披针形或窄披针形，长1.5~6厘米，宽3~10毫米，表面绿色，背面淡绿色，边缘疏生钝或锐锯齿，两面无毛或脉上有糙毛，较上部的茎生叶有短柄，叶片的分裂形状如同基生叶；最上部的茎生叶一至二回羽状分裂，边缘疏生锯齿。

复伞形花序顶生或腋生，花序梗长2.5~10厘米，无毛；总苞片通常无或有1线形的苞片；伞辐6~25厘米；小总苞片多数，线状披针形，长3~5毫米，宽

0.5~0.7毫米,顶端长尖,中脉1条。小伞形花序有花15~35朵,花柄长4~7毫米;萼齿明显,卵状三角形;花瓣白色,倒卵形或近圆形,长1.5~2毫米,宽1~1.5毫米,顶端有内折的小舌片,中脉1条;花丝长约2.5毫米,花药近卵圆形,长约0.7毫米,宽0.5毫米;花柱光滑,长约1毫米。分生果近卵圆形,长、宽2~3毫米。花果期7~8月。

野芹菜(毒芹)的外形酷似芹菜、胡萝卜和茴香等的食用植物,尤其是与华北地区常见的野菜——水芹十分相似,因为它们都是伞形科的植物。

野芹菜(毒芹)为较毒植物之一,其毒性成分毒芹素很易吸收,人畜误食之后数分钟即可显现中毒症状,表现为头晕、呕吐、痉挛、皮肤发红、面色发青,最后出现麻痹现象,重则死于呼吸衰竭。

防治方法 幼苗期及时中耕防除;种子成熟前彻底清除,减少种子存留,以减少翌年扩散;有效除草剂有噁草酮、扑草净、灭草松、萘氧丙草胺、异丙甲草胺、乙氧氟草醚、氟乐灵等,幼苗期使用效果好。

㊵ 薄荷(图3-40-1至图3-40-3)

唇形科薄荷属,多年生草本植物。又名野薄荷、夜息香、银丹草。全国各地广泛分布,多野生也有人工栽培。全株青气芳香,可以食用、药用、作茶饮用,是一种有特种经济价值的药食同源的芳香植物。

形态识别 种子繁殖和根茎繁殖。根茎横生地下、多节,每节都可以生根萌芽形成独立的单株;茎直立或匍匐,茎高30~60厘米,下部数节具纤细的须根及水平匍匐根状茎,锐四棱形,具四槽,上部被倒向微柔毛,下部仅沿棱上被微柔毛,多分枝。着地茎可以生根再形成新的单株。

叶片长圆状披针形、披针形、椭圆形或卵状披针形,稀长圆形,长3~7厘米,宽0.8~3厘米,先端锐尖,基部楔形至近圆形,边缘在基部以上疏生粗大的牙齿状锯齿,侧脉5~6对;沿脉上密生微柔毛,或除脉外余部近于无毛;叶柄长2~10毫米,腹凹背凸,被微柔毛。

轮伞花序腋生,花具梗或无梗,具梗时梗长达3毫米,被微柔毛;花梗纤细,长2.5毫米,被微柔毛或近于无毛。花萼管状钟形,长约2.5毫米,外被微柔毛及腺点,内面无毛;萼5枚,狭三角形。花冠淡紫色,长4毫米左右,外面略被微柔毛,冠檐4裂,长圆形,先端钝。雄蕊4枚,长约5毫米,均伸出于花冠之外,花丝丝状;花药卵圆形;花柱略超出雄蕊,先端近相等2浅裂;花盘平顶。小坚果卵珠形,黄褐色。花期7~9月,果期10月。

薄荷对环境条件适应能力较强,在海拔2100米以下地区均可生长。根茎宿存越冬,能耐-15℃低温,生长最适宜温度为25~30℃。可以根茎栽植、分株栽植和扦插繁殖、种子繁殖等。

防治方法 果园生长因影响果树正常生长视为杂草而须拔除。在不影响果树正常生长的前提下可以充分利用其特有的经济价值，如食用、药用、香料植物等。幼苗时通过中耕清除，成株后适时割除并挖根，晒干用作中药；还可用丁草胺、灭草松、乙氧氟草醚、噁草酮、扑草净、绿麦隆、氟磺胺草醚、西玛津等除草剂进行防除。

第**4**章

果园害虫主要天敌
保护与识别利用

01 食虫瓢虫（图4-1-1至图4-1-8）

属鞘翅目瓢虫科。瓢虫的种类多达4000种，其中80%以上是肉食性的。常见的有七星瓢虫、四斑月瓢虫、二星瓢虫、小红瓢虫、大红瓢虫、异色瓢虫、黑背小毛瓢虫、澳洲瓢虫、深点食螨瓢虫、黑襟毛瓢虫、龟纹瓢虫、孟氏隐唇瓢虫等，均为天敌昆虫。全国各产区均有分布。我国利用瓢虫防治果树害虫已达数十种。

防治对象　以成虫、幼虫捕食叶螨、蚜虫、介壳虫、粉虱、木虱、叶蝉等小体型昆虫及鳞翅目低龄幼虫和卵。

生活习性　捕食性瓢虫其食量很大，如异色瓢虫的1龄幼虫每天捕食蚜虫数量为10~30头，4龄幼虫为每天100~200头，成虫食量更大。而深点食螨瓢虫能捕食果树、蔬菜、花卉及林木等多种螨类的成虫、若虫和卵，它的成虫和幼虫发生时期长，世代重叠，食量大，对果树上的螨类有较好的控制作用。

利用方法

利用七星瓢虫等防治果树蚜虫　食蚜瓢虫除七星瓢虫外，还有四斑月瓢虫、二星瓢虫、异色瓢虫、龟纹瓢虫、六斑月瓢虫等。于4~5月间把麦田的上述瓢虫引移到果园，每亩移入千头以上，可有效地防治果树蚜虫。也可在早春利用田间的蚜虫饲养繁殖瓢虫，然后散放到果园中控制果树蚜虫效果好。

用澳洲瓢虫、大红瓢虫、小红瓢虫防治果树害虫吹绵蚧　4~6月移殖散放到果园中心枝叶茂密、吹绵蚧多的果树上，每500株受害树，散放200头成虫，散放后2个月可消灭吹绵蚧。

利用食螨瓢虫防治果树害螨　常用的有深点食螨瓢虫、广东食螨瓢虫、拟小食螨瓢虫、腹管食螨瓢虫。生产上华北地区用深点食螨瓢虫防治苹果叶螨效果很好。后3种分布东南地，在4、5月和9、10月将食螨瓢虫散放在果树枝条上，于每亩果园中央10株放200~400头，可控制山楂叶螨等。

02 草蛉（图4-2-1至图4-2-4）

属脉翅目草蛉科。幼虫又称蚜狮。草蛉种类多，分布广，食性杂。已知有86属1350多种，中国有15属百余种，常见的有中华草蛉、大草蛉、丽草蛉、叶色草蛉、晋草蛉等，分布在长江流域及北方各地。普通草蛉分布在新疆、黄淮、台湾等地。

防治对象　草蛉是捕食性天敌昆虫。成虫、幼虫捕食螨类、蚜虫类、白粉虱、叶蝉、介壳虫、蓟马等多种小体型害虫以及蝶蛾类和叶甲类的卵和幼虫。

生活习性 草蛉食量大，行动迅速，捕食能力强。草蛉在华北地区1年发生3~5代。其成虫产卵量大，少者300~400粒，多者达1000粒以上。草蛉发育一代需22~43天。1头大草蛉幼虫一生可捕食各类蚜虫600头以上；1头中华草蛉1~3龄幼虫平均日最多可分别捕食若螨400~700头，同时还可捕食其他害虫的卵和幼虫。中华草蛉控制害虫作用非常明显。

利用方法 晋草蛉嗜食螨类，可用于防治山楂叶螨、卵形短须螨。大草蛉嗜食蚜虫，用于防治果树上的蚜虫。利用方法是在上述螨类、蚜虫初发时投放即将孵化的灰色蛉卵，也可把蛉卵放入1%琼脂液中，用喷雾法施放。

草蛉的饲养：将新羽化的成虫集中大笼饲养，喂饲清水和啤酒酵母干粉加食糖混合（10：8）的人工饲料，进入产卵前期转入产卵笼饲喂。每笼养雌草蛉50~75头，搭配少量雄虫，笼内壁围衬卵箔纸，24小时可获草蛉卵700~1000粒，每天更换卵箔纸1次，添加清水和饲料。把卵箔装进塑料袋封口置于8~12℃条件下，存放30天，卵仍可孵化。

03 寄生蜂、蝇类（图4-3-1至图4-3-8）

寄生蜂，属膜翅目，分属姬蜂科、小蜂科等。种类多，分布广。我国应用较多的有赤眼蜂、蚜茧蜂、甲腹茧蜂、上海青蜂、跳小蜂和姬小蜂、姬蜂和茧蜂等。

寄生蝇，属双翅目寄蝇科。是果园害虫幼虫和蛹的主要天敌，防治对象与寄生蜂类基本相同。与苍蝇的主要区别是身上有很多刚毛，种类很多。果树上常见的有卷叶蛾赛寄蝇、伞裙追寄蝇等，寄主为桃小食心虫、大袋蛾、棉蛉虫、小地老虎等。

防治对象 以雌成虫产卵于鳞翅目害虫，如桃蛀螟、果剑纹夜蛾、刺蛾、桃小食心虫、卷叶蛾及蚜虫等寄主体内或体外，以幼虫取食寄主的体液摄取营养，至寄主死亡。

生活习性 不同的寄生蜂对寄主的寄生方式不同，可以分别寄生卵、幼虫、蛹和成虫、若虫。

赤眼蜂 是一种寄生在害虫卵内的寄生蜂，我国应用较多的有松毛虫赤眼蜂、拟澳洲赤眼蜂、舟蛾赤眼蜂及稻螟赤眼蜂等。该类蜂体型很小，眼睛鲜红色，故名赤眼蜂。它能寄生400余种昆虫卵，尤其喜欢寄生鳞翅目昆虫卵，如果树上的刺蛾等，是果园害虫的重要天敌。果树上常见的松毛虫赤眼蜂，在自然条件下，华北地区1年发生10~14代，每头雌蜂可繁殖子代40~176头。利用松毛虫赤眼蜂防治果园梨小食心虫，每亩放蜂量8万~10万头，梨小食心虫卵寄生率为90%，虫害明显降低，其效果明显好于化学防治。

蚜茧蜂 是一种寄生在蚜虫体内的重要天敌。蚜茧蜂在4~10月均有成虫发生，每头雌蜂产卵量数粒至数百粒，尤其喜欢寄生2~3龄的若蚜，以6~9月寄生率较高，有时寄生率高达80%~90%，对蚜虫种群有重要的抑制作用。

甲腹茧蜂　果园常见的是桃小甲腹茧蜂，1年发生2代，寄主为桃小食心虫，以幼虫在桃小食心虫越冬幼虫体内越冬，世代发生与寄主同步。寄生率可达25%~50%。

跳小蜂和姬小蜂　旋纹潜叶蛾的主要天敌，均在寄主蛹内越冬。1年发生4~5代，越冬代成虫5月将卵产于寄主幼虫体内，寄生率可达40%以上。

姬蜂和茧蜂　可寄生多种害虫的幼虫和蛹。果树上主要有桃小食心虫白茧蜂和花斑马尾姬蜂。白茧蜂1年发生4~5代，产卵于寄主卵内，随寄主卵孵化而取食发育，直至将寄主幼虫致死。马尾姬蜂1年发生2代，以幼虫在寄主幼虫体内越冬，翌春待寄主化蛹后将其食尽，并在寄主蛹壳内化蛹。

利用方法　以赤眼蜂为例。用蓖麻蚕、柞蚕及松毛虫的卵，繁殖松毛虫赤眼蜂和拟澳洲赤眼蜂，这两种赤眼蜂在蓖麻蚕卵内，25℃发育历期10~12天，每年可繁殖30~50代。繁殖时可从田间采集被赤眼蜂寄生的卵，羽化后进行鉴定再饲养。用于寄生的蓖麻蚕卵先洗掉表面胶质，用白纸涂薄胶后，把蚕卵均匀黏上制成卵箔或称卵卡。繁蜂时把卵箔置于繁蜂箱透光一面，当种蜂羽化30%~40%时接蜂。成蜂趋光并趋向蚕卵寄生。种蜂和蓖麻蚕卵的比为2∶1或1∶1，适温25~28℃，相对湿度85%~90%为宜。田间放蜂、繁蜂及防治对象的卵期应掌握恰当才能有效。制好的蜂卡要在蜂发育到幼虫期或预蛹期时，置于10℃以下冷藏保存，50~90天内羽化率不低于70%。放蜂时把即将羽化的预制蜂卡，按布局分放在田间，使其自然羽化，也可先在室内使蜂羽化、再饲以糖蜜，然后到田间均匀释放。防治发生代数较多或产卵期较长的害虫时，应在害虫产卵期内多放几次蜂。

04　捕食螨（图4-4-1）

属蛛形纲，分属不同的科。俗称红蜘蛛、黄蜘蛛等。是以捕食害螨为主的有益螨类的统称。我国有利用价值的捕食螨种类有智利小植绥螨、东方植绥螨、尼氏钝绥螨、穗氏钝绥螨、东方钝绥螨、拟长毛钝绥螨、西方盲走螨等。

防治对象　以成虫、若虫捕食害螨和蚜虫、介壳虫、叶蝉等小体型害虫和卵。

生活习性　在捕食螨中以植绥螨最为理想，它捕食凶猛，具有发育周期短、捕食范围广、捕食量大等特点，1头雌螨能消灭5头害螨在半月内繁殖的群体，同时还捕食一些蚜虫、介壳虫等小体型害虫。植绥螨发生代数因种类而异，一般1年发生8~12代，以雌成虫在枝干树皮裂缝或翘皮下越冬。幼螨孵化后随即取食，成螨、若螨均可捕食害螨的各虫态。

利用方法　我国对几种植绥螨的饲养繁殖，多采用隔水法：即在瓷盆内垫泡沫塑料，上盖一层薄膜，饲料和植绥螨放在薄膜上，盘中加浅水隔离，防止植绥螨逃逸。饲料以喜食的害螨为主，也可用20%~50%的蜂蜜水、鲜花粉或干燥2年的柑橘花粉为食料。适时在果园中释放植绥螨。果园内种植益螨栖息植物豆类等，增加其栖息场所和食料来源；合理灌溉，提高果园相对湿度；加强测报，必要时进行挑治，以利益螨繁殖，使益螨种群数量增加，维持益、害螨之间的数量平衡，把害螨控制在经济阈值允许的范围之内。

05 蜘蛛（图4-5-1至图4-5-8）

属蜘蛛纲蛛形目。种类多，种群的数量大，分属不同的科。我国有3000多种，现已定名1500余种，其中80%生活在果园中，是害虫的主要天敌。如三突花蛛、草间小黑蛛、八斑球腹蛛、拟水狼蛛等。

防治对象　为肉食性动物。捕食同翅目、鳞翅目、直翅目、半翅目、鞘翅目等多种害虫，如蚜虫、花弄蝶、毛虫类、椿象、叶蝉、飞虱、卷叶蛾等害虫的成虫、幼虫和卵。

生活习性　蜘蛛寿命较长，小体型半年以上，大体型可达多年；两性生殖，雄蛛体小，出现时间短，通常采到的多为雌蛛；抗逆性强，耐高温、低温和饥饿；为肉食性动物，性情凶猛，行动敏捷，专食活体，在它的视力范围或丝网附近的猎物很少能够逃脱；分结网和不结网两类，前者在地面土壤间隙做穴结网或在树冠上、草丛中结网，捕食落入网中的害虫，后者游猎捕食地面和地下害虫，也可从树上、草丛、水面或墙壁等处猎食，无固定的栖息场所。捕食时先用螯肢刺入活虫体内，注入毒液使之麻痹，然后取食。

利用方法　①创造适于蜘蛛生存的环境条件，特别注意不要人为破坏蜘蛛结的丝网；收集田边、沟边杂草等处的蜘蛛，助其迁入果园。②人工繁殖。人工繁殖母蛛越冬，待其产卵孵化后，分批释放至果园，增加果园有益蛛量。或于2~3月田间收集越冬卵囊，冷藏在0℃左右的低温下，经40天对孵化无影响，待果树发芽后放入果园。③防治害虫时选择高效低毒农药，不准用剧毒农药，以免伤及害虫天敌。

06 食蚜蝇（图4-6-1至图4-6-4）

属双翅目食蚜蝇科。种类多，分布广。主要有黑带食蚜蝇、斜斑额食蚜蝇等。

防治对象　捕食果树蚜虫、叶蝉、介壳虫、飞虱、蓟马、叶螨等小体型害虫和蝶蛾类害虫的卵和初龄幼虫。

生活习性　成虫颇似蜜蜂，但腹部背面大多有黄色横带，喜取食花粉和花蜜。卵单产，白色，大多产于蚜虫群中或其周围。黑带食蚜蝇是果园中较常见的一种，幼虫蛆形，头尖尾钝，体壁上有纵向条纹，碰到蚜虫就用口器咬住不放，举在空中吸，把体液吸干后丢弃在一旁，又继续捕食；幼虫孵化后即可捕食蚜虫，每只幼虫一生可捕食数百头至数千头蚜虫；在华北地区1年发生4~5代，卵期3~4天，幼虫期9~11天，蛹期7~9天，多以末龄幼虫或蛹在植物根际土中越冬，翌春4月上旬成虫出现，4月下旬在果树及其他植物上活动取食，5~6月份各虫态发生数量较多，7~8月份蚜虫等食料缺乏时，幼虫在叶背或卷叶中化蛹越夏，秋季又继续取食或转移至果园附近农田或林木上产卵，孵化后继续取食蚜虫，秋后入土化蛹。

利用方法　①种植蜜源植物，招引和诱集食蚜蝇繁衍。②人工繁殖和释放。③提倡使用低毒高效低残留农药，禁用剧毒农药，保护天敌。

07　食虫椿象（图4-7-1至图4-7-3）

属半翅目蝽总科。果园害虫天敌的一大类群，其种类很多。主要有茶色广喙蝽、东亚小花蝽、小黑花蝽、黑顶黄花蝽、光肩猎蝽、白带猎蝽、褐猎蝽等。

防治对象　以成虫、若虫捕食蚜虫、叶螨、介类、叶蝉、蓟马、椿象以及鳞翅目、鞘翅目害虫的卵及低龄幼虫。

生活习性　食虫椿象与有害椿象的区别：有害椿象有臭味，其喙由头顶下方紧贴头下，直接向体后伸出，不呈钩状。而食虫椿象大多无臭味，喙坚硬如锥，基部向前延伸，弯曲或呈钩状，不紧贴头下。在北方果区多数食虫椿象1年发生4代，发生期4~10月，若虫孵化后即可以取食，专门吸食害虫的卵汁或幼虫、若虫体液。捕食能力很强，1头小黑花蝽成虫日平均捕食各种虫态叶螨20头，卵20粒，蚜虫27头。以雌成虫在果树枝、干的翘皮下越冬，翌年4月开始活动取食。

利用方法　①创造适于天敌活动的环境条件，招引和诱集。②人工繁殖和释放。③果园用药要选用对天敌杀伤力小的农药，保护天敌。

08　螳螂（图4-8-1至图4-8-3）

属螳螂目螳螂科。俗称砍刀。种类多，分布广，我国有50多种，常见的有广腹螳螂、大刀螳螂、薄翅螳螂、中华螳螂等。

防治对象　捕食蚜虫类、蛾蝶类、甲虫类、椿象类等60多种果园害虫，食性很杂。

生活习性　北方果区1年发生1代，以卵在树枝上越冬。每年5月下旬至6月下旬孵化为若虫，8月羽化为成虫，成虫交尾后，雌成虫即将雄成虫吃掉，9月后产卵越冬。自春至秋田间均有发生，成、若虫期100~150天，其间均可捕食害虫。若虫具有跳跃捕食习性，1~3龄若虫喜食蚜虫，特别是有翅蚜，3龄以后嗜食体壁较软的鳞翅目害虫，成虫则可捕食各类虫态的害虫。螳螂食量大，1只螳螂一生可捕食害虫2000多头。其捕食有两大特点，一是只捕食活的猎物；二是即使吃饱了，见到猎物不吃也要杀死，即螳螂特有的杀死性。

利用方法 ①人工繁殖和释放。螳螂产卵后，采集产有螳螂卵的枝条，放在室内保护越冬，第二年待初孵若虫出现时，释放到果园，每亩释放200~300头。②注意化学药剂的品种选择、喷药量和喷药时期，尽量避免在杀死害虫的同时也杀死螳螂。

09 白僵菌（图4-9-1至图4-9-2）

虫生真菌，属半知菌类，是昆虫的主要病原真菌。

防治对象 可防治鳞翅目、鞘翅目、半翅目、同翅目、直翅目、膜翅目等200多种害虫的幼虫。如危害果树的桃小食心虫、桃蛀螟、刺蛾类、夜蛾类、梨虎象、柑橘卷叶蛾、拟小黄卷蛾、褐带长卷蛾、后黄卷叶蛾、荔枝蝽等。

作用机理 白僵菌菌剂一般为白色至灰白色粉状物，是白僵菌的分生孢子，国产白僵菌粉剂，每克含活孢子50亿~80亿个。菌剂喷洒到害虫体上后，菌丝穿透幼虫体壁，在体内大量繁殖，经2~3天致害虫死亡。死虫体壁坚硬，体表长满白色菌丝及孢子，称为白僵虫。虫体上的孢子随风扩散，遇到其他害虫又可传染，使害虫致病死亡。白僵菌寄主专一性强（对桃小食心虫的自然寄生率可达20%~60%），持效性强，可保护天敌，致死害虫速度虽不及化学农药效果明显，但对环境不会造成污染。

利用方法 ①用于防治桃小食心虫和蛴螬。在果园桃小越冬幼虫出土和脱果初期，以及蛴螬活动盛期，树下地面喷洒白僵菌粉每平方米8克，与25%辛硫磷微胶囊剂每平方米0.3毫升混合液，防效明显。②用白僵菌高效菌株 B-66处理地面，可使桃小食心虫出土幼虫大量感病死亡，幼虫僵死率达85.6%，并显著降低蛾、卵数量。③防治蚜虫。在蚜虫发生严重时，喷洒白僵菌制剂，感染该菌的蚜虫死后表面呈白色，症状明显。

注意 利用白僵菌制剂防治害虫，菌液要随配随用，配好的菌液应在2小时内喷完，以免孢子过早萌发，失去致病力；田间湿度大、菌剂与虫体接触，防治效果才好。

10 苏云金杆菌

属细菌。又叫 Bt，亦称"424"。另外，杀螟杆菌、青虫菌、松毛虫杆菌、

"7216"等都属于苏云金杆菌类。利用其制成的杀虫剂称为细菌杀虫剂。

防治对象 能杀死农林、果树等多种害虫，尤其对鳞翅目幼虫如刺蛾类、卷叶蛾类、桃蛀螟、桃小食心虫、枣尺蠖等防治效果好。且对草蛉、瓢虫等捕食性天敌无害。

作用机理 是目前世界上产量最大的微生物杀虫剂。已有100多种商品制剂。其制剂因采用的原料和方法不同，呈浅黄色、黄褐色或黑色粉末，每克含活孢子100亿~300亿个。可以喷雾、喷粉、泼浇或制成毒土和颗粒剂。杀虫细菌是一种好气性细菌，芽孢对高温忍耐力较强，制剂不受潮湿、保存适当可数年不丧失毒力。其杀虫机理是害虫食菌后破坏害虫的肠道，影响取食，致害虫死亡。杀虫效果对老熟幼虫比幼龄害虫好。

利用方法 ①喷雾防治桃蛀螟、刺蛾和卷叶蛾类。选择有露水的早晨或空气湿度较大的傍晚，用每克含活孢子数为100亿的菌粉300~500倍液喷雾，使用时加0.1%的洗衣粉或豆面作黏着剂，提高防治效果。②菌粉应放在干燥阴凉处保存，避免水湿、暴晒，对家蚕有毒，严禁在桑园使用。因杀虫速度比化学农药慢，施药期应稍加提前。

⑪ 核多角体病毒

感染昆虫的病毒有三大类，即多角体病毒（NPV）、颗粒病毒和无包涵病毒，利用最多的是多角体病毒。

防治对象 感染近200种昆虫发病，主要是鳞翅目昆虫幼虫，如大袋蛾等。

利用方法 饲养健康的幼虫至3龄末时，用带病毒的饲料喂食使其感染，3天后幼虫开始死亡。将死虫收集在棕色瓶里，即制成毒剂，贮存备用。防治大袋蛾时，可在卵盛期喷布。每亩用30~50头死虫研碎，用二层纱布过滤后再用少量清水冲洗加至所需水量，每亩所用病毒制剂内加30克充分研碎的活性炭保护剂提高防效。每代需喷2~3次，相隔5~7天。防治2次的防效达84%以上，高于其他化学农药，且可以保护天敌。

⑫ 食虫鸟类（图4-12-1至图4-12-5）

我国以昆虫为主要食料的鸟类约有600种。常见的有大山雀、燕子、大杜鹃、大斑啄木鸟、灰喜鹊、喜鹊、戴胜、黄鹂、柳莺等。

防治对象 可啄食多种农、林、果害虫，主要有叶蝉、叶蜂、蚜虫、木虱、椿象、金龟甲、蝶蛾类幼虫等，果园内所有害虫都可能被取食，对害虫的控制作用非常大。虽然鸟类也啄食成熟的果实，使果实失去食用价值，但利大于弊。

生活习性

大山雀　山区、平原均有分布，地方性留鸟，喜在果园及灌木丛中活动，善跳跃和飞翔。多在树洞、墙洞中筑巢，产卵3～5枚。食量很大，1头大山雀一天捕食害虫的数量相当于自身体重，在大山雀的食物中，农林害虫数量约占80%。

大杜鹃　夏候鸟或旅鸟，和鸽子大小相近，喜栖息在开阔的林地，以取食大型害虫为主，特别喜食一般鸟类不敢啄食的毛虫，如刺蛾等害虫的幼虫，1头成年杜鹃一天可捕食300多头大型害虫。

大斑啄木鸟　身体上黑下白，尾下呈红色。在树上活动时，一面攀登，一面以嘴快速叩树，叩树之声不绝于耳，若树上有虫，则快速啄破树皮，用舌钩出害虫吞食，主要捕食鞘翅目害虫、椿象、天牛蛀干幼虫等。食量很大，每天可取食1000～1400头害虫幼虫。

灰喜鹊　留鸟。全体灰色，灵活敏捷，善飞翔，喜在密集的果园和森林中群居和筑巢。喜食金龟子、刺蛾、蓑蛾等30余种害虫，1只灰喜鹊全年可吃掉1.5万头害虫。

保护利用　①禁止人为破坏鸟巢，禁止捕猎、毒害鸟类。②招引鸟类。冬季在果园为食虫益鸟给饵、在干旱地区给水、在果园栽植益鸟食饵植物、在果园内设置人工鸟巢箱等，为益鸟的栖息和繁殖创造条件。③避免频繁使用广谱性杀虫剂，以免误伤鸟类。④人工饲养和驯化当地鸟类，必要时可操纵其治虫。

⑬　蟾蜍（癞蛤蟆）、青蛙（图4-13-1，图4-13-2）

蟾蜍是无尾目蟾蜍科动物的总称，全国各地均有分布，有300多种。青蛙是无尾目蛙科动物的总称，有650余种。蛙和蟾蜍的区别：皮肤比较光滑、身体比较苗条、善于跳跃、会游泳的称为蛙；而皮肤比较粗糙、身体比较臃肿、不善跳跃、不会游泳的称为蟾蜍。

防治对象　主要捕食蚱蜢、蝶蛾类幼虫、象鼻虫、蝼蛄、金龟甲、蚜虫等多种害虫。

生活习性　蛙和蟾蜍冬季多潜伏在水底淤泥里或烂草里，也有的在陆上泥土里越冬。从春末至秋末，白天栖息于石块下、草丛、土洞或池塘、水沟、小河内。黄昏和夜间捕食，有的昼夜均可取食，但以夜间的为多，尤其喜雨后捕食各种害虫，捕食量大，一头青蛙日捕食70多头害虫，对控制果园害虫效果明显。

利用方法　①禁止捕食青蛙和捕捞蝌蚪。②合理使用农药，禁止使用高毒、高残留农药，保护蛙类。③有目的地饲养。当田埂边或将要断水的沟渠中有蛙卵和蝌蚪时，及时捞取，放入有水沟渠中，使蛙卵正常孵化和蝌蚪正常生长。

第5章

果园病虫草无公害
综合防治

01 适宜果园使用的农药种类及其合理使用

无公害果品生产使用的农药药剂，必须是经国家正式登记的产品，不能使用有致癌、致畸、致突变的危险的或有嫌疑的药剂。

（一）允许使用的部分农药品种及使用要求

在果园无公害果品生产中，要根据防治对象的生物学特性和危害特点合理选择允许使用的药剂品种。主要种类有：

1. 植物源杀虫、杀菌素

包括除虫菊素、鱼藤酮、烟碱、苦参碱、植物油、印楝素、苦楝素、川楝素、茼蒿素、松脂合剂、芝麻素等。

2. 矿物源杀虫、杀菌剂

包括石硫合剂、波尔多液、机油乳剂、柴油乳剂、石悬剂、硫黄粉、草木灰、腐必清等。

3. 微生物源杀虫、杀菌剂

如 Bt 乳剂、白僵菌、阿维菌素、中生菌素、多氧霉素和农抗120等。

4. 昆虫生长调节剂

如灭幼脲、除虫脲、卡死克、性诱剂等。

5. 低毒低残留化学农药

（1）主要杀菌剂有5%菌毒清水剂、80%喷克可湿性粉剂、80%大生 M-45 可湿性粉剂、70%甲基硫菌灵可湿性粉剂、50%多菌灵可湿性粉剂、40%氟硅唑乳油、1%中生菌素水剂、70%代森锰锌可湿性粉剂、70%乙膦铝锰锌可湿性粉剂、834康复剂、15%三唑酮乳油、75%百菌清可湿性粉剂、50%异菌脲可湿性粉剂等。

（2）主要杀虫杀螨剂有1%阿维菌素乳油、10%吡虫啉可湿性粉剂、25%灭幼脲3号悬浮剂、50%辛脲乳油、50%蛾螨灵乳油、20%杀铃脲悬浮剂、50%马拉硫磷乳油、50%辛硫磷乳油、5%尼索朗乳油、20%螨死净悬浮剂、15%哒螨灵乳油、40%蚜灭多乳油、99.1%加德士敌死虫乳油、5%卡死克乳油、25%噻嗪酮可湿性粉剂、25%抑太保乳油等。

允许使用的化学合成农药每种每年最多使用2次，最后一次施药距安全采收间隔期应在20天以上。

（二）限制使用的部分农药品种及使用要求

限制使用的化学合成农药品种主要有48%哒嗪硫磷乳油、50%抗蚜威可湿性粉剂、25%辟蚜雾水分散粒剂、2.5%三氟氯氰菊酯乳油、20%甲氰菊酯乳油、30%桃小灵乳油、80%敌敌畏乳油、50%杀螟硫磷乳油、10%歼灭乳油、2.5%

溴氰菊酯乳油、20%氰戊菊酯乳油、40%乐果乳油等。

无公害果品生产中限制使用的农药品种，每年最多使用1次，施药距安全采收间隔期应在30天以上。

（三）禁止使用的农药

在无公害果品生产中，禁止使用剧毒、高毒、高残留、致癌、致畸、致突变和具有慢性毒性的农药，主要包括：

有机磷类杀虫剂：甲拌磷、乙拌磷、久效磷、对硫磷、甲基对硫磷、甲胺磷、甲基异柳磷、特丁硫磷、甲基硫环磷、治螟磷、内吸磷、氧化乐果、磷胺、灭线磷、硫环磷、蝇毒磷、地虫硫磷、氯唑磷、苯线磷、水胺硫磷。

氨基甲酸酯类杀虫剂：克百威、涕灭威、灭多威。

二甲基甲脒类杀虫剂：杀虫脒。

取代苯类杀虫剂：五氯硝基苯、五氯苯甲醇。

有机氯杀虫剂：滴滴涕、六六六、毒杀芬、二溴氯丙烷、林丹。

有机氯杀螨剂：三氯杀螨醇、克螨特。

砷类杀虫、杀菌剂：福美胂、甲基砷酸锌、甲基砷酸铁铵、福美甲砷、砷酸钙、砷酸铅。

氟制类杀菌剂：氟化钠、氟化钙、氟乙酰胺、氟铝酸钠、氟硅酸钠、氟乙酸钠。

有机锡杀菌剂：三苯基醋酸锡、三苯基氯化锡。

有机汞杀菌剂：氯化乙基汞（西力生）、醋酸苯汞（赛力散）。

二苯醚类除草剂：除草醚、草枯醚。

以及国家规定无公害果品生产禁止使用的其他农药。

（四）无公害果品生产中允许和禁止使用的天然植物生长调节剂及使用要求

允许使用的植物生长调节剂及使用要求：如赤霉素类、细胞分裂素类（如苄基腺嘌呤[BA]、玉米素等），要求每年最多使用一次，施药距安全采收期间隔应在20天以上。也可使用能够延缓生长、促进成花、改善树体结构、提高果实品质及产量的其他生长调节物质，如乙烯利、矮壮素等。

禁止使用污染环境及危害人体健康的植物生长调节剂。如比久（B9）、萘乙酸、2，4-二氯苯氧乙酸（2,4-滴）等。

（五）科学合理使用农药

1. 对症施药

根据田间的病虫害种类和发生情况选择农药，防治病虫害以保护性杀菌剂为基础。

2. 适时施药

根据预测预报和病虫害的发生规律，确定使用药剂的最佳时期。

3. 使用农药要喷布均匀周到

选择合适的药械和使用方法，保证使用的农药准确、均匀、到位。

4. 严格按照农药的使用剂量使用农药

同一种类的允许使用的药剂、一个生长周期：一般保护性杀菌剂可以使用3~5次；具有内吸性和渗透作用的农药可以使用1~2次，最好只使用1次；杀虫剂可以使用1~2次，最好使用1次。

5. 严格按农药的安全间隔期使用农药

允许使用的农药品种，禁止在采收前20天内使用。限制使用的农药禁止在采收前30天内使用。如果出现特殊情况，需要在采收前安全间隔期内使用农药，必须在植物保护专家指导下采取措施，确保食品安全。

6. 严格对使用农药的安全管理

每一个生产者，必须对果园中使用农药的时间、农药名称、使用剂量等进行严格、准确的记录。

7. 严禁使用未经国家有关部门核准登记的农药化合物

8. 其他情况按国家标准《农药合理使用准则》GB/T8321（所有部分）规定执行

02 病虫害无害化综合防治

（一）病虫害防治的基本原则

病虫无公害防治的基本原则是综合利用农业的、生物的、物理的防治措施，创造不利于病虫害发生而有利于各类自然天敌繁衍的生态环境，通过生态技术控制病虫害的发生。优先采用农业防治措施，本着"防重于治""农业防治为主、化学防治为辅"的无公害防治原则，选择合适的可抑制病虫害发生的耕作栽培技术，平衡施肥、深翻晒土、清洁果园等一系列措施控制病虫害的发生。尽量利用灯光、色彩、性诱剂等诱杀害虫，采用机械和人工以及热消毒、隔离、色素引诱等物理措施防治病虫害。病虫害一旦发生，需采用化学方法进行防治时，注意严禁使用国家明令禁止使用的农药、果树上不得使用的农药，并尽量选择低毒低残留、植物源、生物源、矿物源农药。

（二）病虫害防治的基本措施

1. 农业防治

农业防治是根据农业生态环境与病虫发生的关系，通过改善和改变生态环境，调整品种布局，充分应用品种抗病、抗虫性以及一系列的栽培管理技术，有目的地改变果园生态系统中的某些因素，使之不利于病虫害的流行和发生，达到控制病虫危害，减轻灾害程度，获得优质、安全的果品的目的。农业防治方法是果园生产管理中的重要部分，不受环境、条件、技术的限制，虽不如化学防治那样能够直接、迅速地杀死病虫，却可以长期控制病虫害的发生，大幅度减少化学药剂的使用量，有利于果园长期的可持续发展。

（1）植物检疫。植物检疫是贯彻"预防为主、综合防治"的重要措施之一，即凡是从外地引进或调出的苗木、种子、接穗、果品等，都应进行严格检疫，防止危险性病虫害的扩散。

（2）清理果园，减少病源。果园中多数病虫在病枝或残留在园中的病叶、病果上越冬、越夏，及时清理果园，可以破坏病虫越冬的潜藏场所和条件，有效地减少病害侵染源，降低害虫发生基数，可以很好地预防病害的流行和虫害的发生。秋季或早春清扫枯枝落叶，集中高温堆沤，可消灭其中越冬病菌和害虫。结合修剪，剪除病虫枝条、病芽，摘除病虫果、叶，剪除病虫枝条可以有效地防治天牛类、刺蛾类、食心虫、介壳虫等。对于病虫株残体和落在地面上的病虫果，应及时清除并高温堆沤或深埋，可以大大减少病虫的传播与危害。此外，及时清除田间杂草，不但减少杂草种子在果园的残留，亦可以大大减少害虫寄生的机会。

（3）合理整形修剪，改善果园通风透光条件。果园在密闭条件下病虫害发生严重，过于茂盛的枝叶常成为小型昆虫繁衍的有利场所。合理整形修剪，使树体枝组分布均匀，改善了树冠内通风透光条件，可以有效地控制病虫害的发生。

（4）科学施肥，合理灌溉。加强肥、水管理对提高树体抵抗病虫害能力有明显的效果，特别是对具有潜伏侵染特点的病害和具有刺吸口器害虫的抵抗作用尤其明显。施肥种类及用量与病虫害发生有密切关系，不要过量施用氮肥，避免引起枝叶徒长，树冠内郁闭，而诱发病虫发生。厩肥堆积过多，常成为蝇、蚊、蛴螬等土栖昆虫的栖息繁殖场所。因此，提倡配方施肥、平衡施肥、多施充分腐熟的有机肥、增施磷钾肥，以提高植株抗病性，增强土壤通透性，改善土壤微生物群落，提高有益微生物的生存数量，并保证根系发育健壮。此外，减少氮肥，增施磷钾肥，能增强树体对病害侵染的抵抗力。

果园湿度过大，易导致真菌类病害疫情的发生，湿度越大病害越重。而果树生长中后期灌水过多，易使果树贪青徒长，枝条发育不充实，冬季抵抗冻害的能力差。因此，果园浇水应尽量避免大水漫灌，以免造成园内湿度过大，诱发病害发生，宜尽量采用滴灌等节水措施。利用滴灌技术、覆盖地膜技术可以有效地控制园内空气湿度，防止病害的发生。遇大雨后应及时排水，避免影响果树生长和降低抵抗病虫害能力。

（5）刮树皮，刮涂伤口，树干涂白。危害果树的多种害虫的卵、蛹、幼虫、成虫，以及多种病菌孢子隐居在树体的粗翘皮裂缝里休眠越冬，而病虫越冬基数与来年危害程度密切相关，应刮除枝、干上的粗皮、翘皮和病疤，铲除腐烂病、干腐病等枝干病害的菌源，同时还可以促进老树更新生长。刮皮一般以入冬时节或第二年早春2月间进行，不宜过早或过晚，以防止树体遭受冻害以及失去除虫治病的作用。幼龄树要轻刮，老龄树可重刮。操作动作要轻，防止刮伤嫩皮及木质部，影响树势。一般以彻底刮去粗皮、翘皮，不伤及白颜色的活皮为限。刮皮后，皮层集中烧毁或深埋，然后用石灰水涂白剂，在主干和大枝伤口处进行涂白，既可以杀死潜藏在树皮下的病虫，还可以保护树体不受冻害。石灰涂白剂的配制材料和比例：生石灰10千克，食盐150~200克，面粉400~500克，加清水40~50千克，充分溶化搅拌后刷在树干伤口处，以不流淌、不起疙瘩为度。由虫伤或机械伤引起的伤口，是最容易感染病菌和害虫喜欢栖息的地方，应将腐皮朽木刮除，用刀削平伤口后，涂上5波美度石硫合剂或波尔多液消毒，促进伤口早日愈合。

（6）刨树盘。刨树盘是果树管理的一项常用措施，该措施既可起到疏松土壤、促进果树根系生长作用，还可将地表的枯枝落叶翻于地下，把土中越冬的害虫翻于地表。

（7）树干绑缚草绳，诱杀多种害虫。不少害虫喜在主干翘皮、草丛、落叶中越冬，利用这一习性，于果实采收后在主干分枝以下绑缚3~5圈松散的草绳，诱集消灭害虫。草绳可用稻草或谷草、棉秆皮拧成，绑缚要松散，以利于害虫潜入。

（8）人工捕虫。许多害虫有群集和假死的习性，如多种金龟子有假死性和群集危害的特点，可以利用害虫的这些习性进行人工捕捉。再如黑蝉若虫可食，在若虫出土季节，可以发动群众捕而食之。

（9）园内种植诱集作物，诱集害虫集中危害而消灭。利用桃蛀螟、桃小食心虫对玉米、高粱趋性更强的特性，园内种植玉米、高粱等，诱其集中危害而消灭。

（10）园内放养鸡、鸭等家禽，啄食害虫，减轻危害。

2. 物理防治

是根据害虫的习性而采取防治害虫方法。

（1）灯光诱杀（图5-1-1，图5-1-2）。①黑光灯诱杀。常用20瓦或40瓦黑光灯管做光源，在灯管下接一个水盆或一个广口瓶，瓶中放些毒药，以杀死掉落的害虫。此法可诱杀晚间出来活动的害虫，如桃蛀螟、黄刺蛾、茎窗蛾成虫等。②频振式杀虫灯。利用大多数害虫晚上有趋光的特性，运用光、波、色、味4种诱杀方式杀灭害虫，它的主要元件是频振灯管和高压电网，频振灯管能产生特定频率的光波，引诱害虫靠近，高压电网缠绕在灯管周围能将飞来的害虫杀死或击昏，即近距离用光，远距离用波、黄色光源、性信息等原理设计的杀虫灯，以达到防治害虫的目的。

频振式杀虫灯使用方法：可利用路两旁的电线杆或吊挂在牢固的物体上。灯间距离180~200米，离地面高度1.5~1.8米，呈棋盘式分布，挂灯时间为5月初至10月下旬。接通电源，按下开关，指示灯亮即进入工作状态。

（2）糖醋液诱杀。许多成虫对糖醋液有趋性，因此，可利用该习性进行诱杀。方法是在成虫发生的季节，将糖醋液盛在水碗或水罐内制成诱捕器，将其挂在树上，每天或隔天清除死虫。糖醋液的制备方法：酒、水、糖、醋按1：2：3：4的比例，放入盆中，盆中放几滴农药，并不断补足糖醋液。

（3）黏虫板诱杀害虫（图5-2-1）。利用昆虫的趋黄性诱杀害虫，可防治潜蝇成虫、粉虱、蚜虫、叶蝉、蓟马等小型昆虫；而蓝色板诱杀叶蝉效果更好，配以性诱剂可扑杀多种害虫的成虫。

黏虫板制作方法：购买黏虫纸，或用柠檬黄色塑料板、木板、硬纸箱板等材料，大小约20厘米×30厘米，先在板两面涂抹柠檬黄色油漆后，再均匀涂上一层黏虫胶或黄油、机油即可。

挂板方法及时间：于4月初至10月下旬挂板。田间用竹（木）细棍支撑固定，每亩均匀插挂20块黄板，呈棋盘式分布，高度比植株稍高，太高或太低效果均较差。当纸或板上粘虫面积占板表面积的60%以上时更换，板上胶不黏时及时更换。为保证自制黄板的黏着性，需1周左右重新涂1次。悬挂方向以板面东西方向为宜。

（4）树干缠粘虫带。利用害虫在树干上爬行，上树为害、下树栖息或化蛹等习性，在树干上缠普通塑料带或缠上涂有粘虫胶、黄油、机油的塑料胶带，设置阻截障碍，达到杀灭害虫的目的，对防治尺蠖类害虫及一些频繁上下树的害虫防治效果很好，减少了用药，又避免了对人、益虫、鸟类、环境造成的危害和污染（图5-3-1至图5-3-3）。

（5）涂捕虫圈（图5-4-1）。用捕虫胶在树干与树杈交界处，涂一圈，宽3~4厘米，捕杀天牛效果好；天牛产卵前在树的枝干多次来回爬行找适宜产卵的地方。一般选择斜着向上光滑部位，用嘴扒开树皮长约1.5厘米、宽约0.8厘米的小穴，将一粒卵产入，再用树皮盖住，产一粒卵换一个地方。在树干上涂几道捕虫圈，捕杀天牛的效率非常高，将天牛等害虫消灭在产卵之前，使林果类树体少受危害。

（6）高浓度虫胶、黏鼠板捕鼠。鼠害重的果园在老鼠经常出没走道上，放置黏鼠板或摊一小块高浓度虫胶，又不引起老鼠注意。老鼠通过时踩上就被粘住。

（7）防虫网（图5-5-1）。通过覆盖在棚架上的防虫网，构建人工隔离屏障，将害虫拒之网外，切断害虫传播途径，有效控制被保护地各类害虫的发生危害和与害虫传播有关的病害发生，减少了果园化学农药的施用，并具有抵御暴风、雨冲刷和冰雹侵袭等自然灾害的功能，是一种简便、科学、有效的防虫、防病措施。防虫网的孔径，以20~32目为宜，好的防虫网，正确使用和保管可利用3~5年。

（8）性外激素诱杀（图5-6-1，图5-6-2）。昆虫性外激素是由雌成虫分泌的用以招引雄成虫来交配的一类化学物质。通过人工模拟其化学结构合成的昆虫性外激素已经进入商品化生产阶段。性外激素已明确的果树害虫种类有30多种。目前国内外应用的性外激素捕获器类型有5大类20多种。如黏着型、捕获型、杀虫剂型、电击型和水盘型。我国在果树害虫防治上已经应用的有桃蛀螟、桃小食心虫、桃潜蛾、梨小食心虫、苹果小卷叶蛾、苹果褐卷叶蛾、梨大食心虫、金纹细蛾等昆虫的性外激素。捕获器的选择要根据害虫种类、虫体大小、气象因素等，确定捕获器放置的地点、高度和用量。①利用性外激素诱杀。在果园放置一定数量的性外激素诱捕器，能够诱捕到雄成虫，导致雌、雄成虫的比例失调，减少了自然界雌、雄成虫交配的机会，从而达到治虫的目的。②干扰交配（成虫迷向）。在果园内悬挂一定数量的害虫性外激素诱捕器诱芯，作为性外激素散发器。这种散发器不断地将昆虫的性外激素释放到田间，使雄成虫寻找雌成虫的联络信息发生混乱，从而失去交配的机会。在果园的试验结果表明，在每亩内栽植110棵果树的情况下，每棵树上挂3～5个桃小食心虫性外激素诱芯，能起到干扰成虫交配的作用。打破害虫的生殖规律，使大量的雌成虫不能产下受精卵，从而极大地降低幼虫数量。

（9）水喷法防治。在果树休眠期（11月中下旬）用压力喷水泵喷枝干，喷到流水程度，可以消灭在枝干上越冬的介壳虫。

（10）果实套袋（图5-7-1至图5-7-3）。果实套袋栽培是近几年我国推广的优质果品技术。果实套袋后，既能增加果实着色、提高果面光洁度、减少裂果，还能防止病菌和害虫直接侵染果实，减少农药在果品中的残留。目前国内用于果实套袋用袋按材质分主要有塑料薄膜袋、白色木浆纸袋、无纺布袋、双层纸袋等。

3. 生物防治

运用有益生物防治果树病虫害的方法称为生物防治法。生物防治是进行无公害果品生产、有效防治病虫害的重要措施。在果园自然环境中有数百种有益天敌昆虫资源和能促使果树害虫致病的病毒、真菌、细菌等微生物。保护和利用这些有益生物，是果品病虫无公害防治的重要手段。生物防治的特点是不污染环境，对人、畜安全无害，无农药残留，符合果品无公害生产的目标，应用前景广阔。但该技术难度较大，研究和开发水平较低，目前应用于防治实践的有效方法还较少。各果园可以因地制宜，选择适合自己的生物防治方法，并与其他防治方法相结合，采取综合治理的原则防治病虫害。

（1）利用寄生性天敌昆虫防治虫害（图5-8-1）。寄生性昆虫活动特点，是以雌成虫产卵于寄主体内或体外，以幼虫取食寄主的体液摄取营养，从而导致寄主（害虫）死亡。而它的成虫则以花粉、花蜜等为食或不取食。除了成虫以外，其他虫态均不能离开寄主而独立生活。果园害虫天敌主要有：寄生卷叶虫的中国齿腿姬蜂、卷叶蛾瘤姬蜂、卷叶蛾绒茧蜂；寄生梨小食心虫的梨小蛾姬蜂、梨小食心虫聚瘤姬蜂；寄生潜叶蛾、刺蛾的刺蛾紫姬蜂、刺蛾白跗姬蜂、潜叶蛾姬小蜂等寄生蜂类。寄生鳞翅目害虫幼虫和蛹的寄生蝇类，如寄生梨小食心虫的稻苞虫赛寄蝇、日本追寄蝇；寄生天幕毛虫的天幕毛虫追寄蝇、普通怯寄蝇等。

（2）利用捕食性天敌昆虫防治害虫。捕食性天敌昆虫靠直接取食猎物或刺吸猎物体液来杀死害虫，致死速度比寄生性天敌快得多。如捕食叶螨类的深点食螨瓢虫、腹管食螨瓢虫、大草蛉、中华通草蛉、食蚜瘿蚊等；捕食蚜虫的七星瓢虫；捕食介壳虫的黑缘红瓢虫、红点唇瓢虫等。此外，还有螳螂、食蚜蝇、食虫椿象、胡蜂、蜘蛛等多种捕食性天敌，抑制害虫的作用非常明显。

（3）利用食虫鸟类防治虫害。鸟类在农林生物多样性中占有重要地位，它与害虫形成相互制约的密切关系，是害虫天敌的重要类群。我国以昆虫为主要食料的鸟有600多种，如大山雀、大杜鹃、大斑啄木鸟、灰喜鹊、家燕、黄鹂等主要或全部以昆虫为食物，对控制害虫种群作用很大。

（4）利用病原微生物防治病虫害。①利用病原微生物防治害虫。在自然界中，有一些病原微生物，如细菌、真菌、病毒、线虫等，在条件合适时能引发害虫流行病，致使害虫大量死亡。利用病原微生物防治虫害主要有细菌、真菌、病毒三大类制剂。②利用病原微生物防治病害。主要是利用某些真菌、细菌和放线菌对病原菌的杀灭作用防治病害。方法是直接把人工培养的抗病菌施入土壤或喷洒在植物表面，控制病菌发育。目前国外已制成对部分病原微生物有抑制作用的微生物产品，如美国生产的防治根癌病的放射性土壤杆菌菌系K84，应用效果显著。国内也已分离了一些菌株。在土壤中多施用有机肥，促进多种天然存在的抗生菌的大量繁殖，可有效防治果树根系病害，也是利用病原微生物防治病害的可行措施。

目前国内应用病原微生物防治病虫害的制剂主要有苏云金杆菌、白僵菌制剂、病原线虫。

（5）利用昆虫激素防治害虫。对危害相对简单的关键害虫，以及对世代较长、单食性、迁移性小、有抗药性、蛀茎蛀果害虫更为有效。昆虫激素主要有保幼激素、蜕皮激素、性信息激素三大类。其杀虫机理是使害虫生长发育异常而死亡。利用性外激素不仅可以诱杀成虫、干扰交配，还可根据诱虫时间和诱虫量指导害虫防治，提高防效。

4. 化学防治

使用化学药剂防治病虫害具有作用迅速、见效快、方法简便的特点，在现阶段果品生产中仍具有不可替代的作用。然而化学药剂的长期使用，存在着引起害虫抗性、污染环境、减少物种多样性、在果品中残留有危害人体健康有毒物质等多方面的副作用。尤其随着人民生活水平的提高，消费者越来越注重食品安全问题，如何科学合理、正确的使用化学药剂，生产无公害果品日益受到重视。

无公害果品生产并非完全禁止使用化学药剂，使用时应当遵守有关无公害果品生产操作规程和农药使用标准，合理选择农药种类，正确掌握用药量。加强病虫测报工作，经常调查病虫发生情况，选择有利时机适时用药。选择对人、畜安全、不伤害天敌、不污染环境、同时又可以有效杀死有害病虫的农药品种。严禁使用一切汞制剂农药以及其他高毒、高残留、致畸、致癌、致残农药，严禁使用未取得国家农药管理部门登记和没有生产许可证的农药。

参考文献

1. 冯玉增,张存立,张卫东. 石榴病虫草害鉴别与无公害防治[M]. 北京:科学技术文献出版社,2009.

2. 吕佩珂,等. 中国果树病虫原色图谱[M]. 2版. 北京:华夏出版社,2002.

3. 邱强. 中国果树病虫原色图鉴[M]. 郑州:河南科学技术出版社,2004.

4. 许志宏,蒋平. 板栗病虫害防治彩色图谱[M]. 杭州:浙江科学技术出版社,2001.

5. 北京农业大学. 果树昆虫学:下册[M]. 北京:农业出版社,1981.

6. 王国平,窦连登. 果树病虫害诊断与防治原色图谱[M]. 北京:金盾出版社,2002.

7. 张玉聚,武予清,崔金杰. 中国农业病虫草害原色图解[M]. 北京:中国农业科学技术出版社,2008.